Vladimir Iliev

Systemansatz zur anregungsunabhängigen Charakterisierung des Schwingungskomforts eines Fahrzeugs

Karlsruher Schriftenreihe Fahrzeugsystemtechnik
Band 8

Herausgeber
FAST Institut für Fahrzeugsystemtechnik
    Prof. Dr. rer. nat. Frank Gauterin
    Prof. Dr.-Ing. Marcus Geimer
    Prof. Dr.-Ing. Peter Gratzfeld
    Prof. Dr.-Ing. Frank Henning

Das Institut für Fahrzeugsystemtechnik besteht aus den eigenständigen Lehrstühlen für Bahnsystemtechnik, Fahrzeugtechnik, Leichtbautechnologie und Mobile Arbeitsmaschinen

Eine Übersicht über alle bisher in dieser Schriftenreihe erschienenen Bände finden Sie am Ende des Buchs.

Systemansatz zur anregungsunabhängigen Charakterisierung des Schwingungskomforts eines Fahrzeugs

von
Vladimir Iliev

Dissertation, Karlsruher Institut für Technologie
Fakultät für Maschinenbau, 2011

Impressum

Karlsruher Institut für Technologie (KIT)
KIT Scientific Publishing
Straße am Forum 2
D-76131 Karlsruhe
www.ksp.kit.edu

KIT – Universität des Landes Baden-Württemberg und nationales
Forschungszentrum in der Helmholtz-Gemeinschaft

KIT Scientific Publishing 2012
Print on Demand

ISSN 1869-6058
ISBN 978-3-86644-681-6

Vorwort des Herausgebers

Die Fahrzeugtechnik ist gegenwärtig großen Veränderungen unterworfen. Klimawandel, die Verknappung einiger für Fahrzeugbau und –betrieb benötigter Rohstoffe, globaler Wettbewerb und das rapide Wachstum großer Städte erfordern neue Mobilitätslösungen, die vielfach eine Neudefinition des Fahrzeugs erforderlich machen. Die Forderungen nach Steigerung der Energieeffizienz, Emissionsreduktion, erhöhter Fahr- und Arbeitssicherheit, Benutzerfreundlichkeit und angemessenen Kosten finden ihre Antworten nicht aus der singulären Verbesserung einzelner technischer Elemente, sondern benötigen Systemverständnis und eine domänenübergreifende Optimierung der Lösungen.

Hierzu will die Karlsruher Schriftenreihe für Fahrzeugsystemtechnik einen Beitrag leisten. Für die Fahrzeuggattungen Pkw, Nfz, Mobile Arbeitsmaschinen und Bahnfahrzeuge werden Forschungsarbeiten vorgestellt, die Fahrzeugsystemtechnik auf vier Ebenen beleuchten: das Fahrzeug als komplexes mechatronisches System, die Fahrer-Fahrzeug-Interaktion, das Fahrzeug in Verkehr und Infrastruktur sowie das Fahrzeug in Gesellschaft und Umwelt.

Der vorliegende Band betrachtet das Fahrzeug als schwingungsfähiges System. Der Schwingungskomfort wird für den Fahrer bei der Fahrt erlebbar und wird zu einem großen Teil daran festgemacht, wie das Fahrzeug Unebenheiten der Fahrbahn in Schwingungen der Karosserie umsetzt. Während der Fahrer die Reaktion des Fahrzeugs in Hinblick auf die gegebenen Fahrbahnbedingungen, also seine Systemeigenschaften bewertet, werden bei objektiven Messungen im Fahrversuch meist Schwingbeschleunigungen an verschiedenen Punkten des Fahrzeugs gemessen, also die Reaktion des Systems aufgenommen. Diese ist von der Anregung abhängig, die im realen Fahrversuch nie völlig reproduzierbar ist, was zu erheblichen Streuungen bei Variantenvergleichen führt. Ziel der Arbeit ist es, Wege aufzuzeigen, das Schwingungssystem Fahrzeug aus dem Fahrversuch heraus über Systemparameter zu beschreiben.

Aufgrund der Nichtlinearität insbesondere des Aufbaudämpfers ist eine Beschreibung der Systemeigenschaften mit anregungsunabhängigen Übertragungsfunktionen streng genommen nicht möglich. In den Grenzen der erforderlichen Genauigkeit, die über die Differenzierungsfähigkeit der menschlichen Schwingungswahrnehmung gegeben ist, liefert jedoch eine Linearisierung um einen Arbeitspunkt brauchbare Ergebnisse. Dazu wird ein stark vereinfachtes Schwingungsmodell des Fahrzeugs verwendet, dessen Parameter aus Messungen am Fahrzeug und aus der Erfassung der Fahrbahnunebenheiten bei der Fahrt bestimmt werden. Es wird weiterhin ein Verfahren vorgeschlagen, das eine Vorhersage des Schwingungsverhaltens auf unterschiedlichen Fahrbahnen erlaubt. Die vorliegende Arbeit liefert damit eine mit geringem Aufwand anwendbare und schnell durchführbare Charakterisierungsmethode, die keine Kenntnis von Fahrzeugparametern voraussetzt.

Karlsruhe,

im Dezember 2011

Prof. Dr. rer.nat. F. Gauterin

Karlsruher Institut für Technologie (KIT)

Systemansatz zur anregungsunabhängigen Charakterisierung des Schwingungskomforts eines Fahrzeugs

Zur Erlangung des akademischen Grades

Doktor der Ingenieurwissenschaften

von der Fakultät für Maschinenbau des
Karlsruher Instituts für Technologie (KIT)

genehmigte

Dissertation

von

Dipl.-Ing. Vladimir Iliev

Tag der mündlichen Prüfung: 17. Mai 2011

Hauptreferent: Prof. Dr. rer.nat. Frank Gauterin

Korreferent: Prof. Dr.-Ing. Carsten Proppe

Kurzfassung

Systemansatz zur anregungsunabhängigen Charakterisierung des Schwingungskomforts eines Fahrzeugs

Im Rahmen der vorliegenden Arbeit wird ein Systemansatz entwickelt, der den Schwingungskomfort eines Fahrzeugs unabhängig von der Fahrbahnanregung durch sechs Parameter charakterisiert.

Da die Charakterisierung des Schwingungskomforts anhand von Messdaten aus dem Fahrbetrieb erfolgt, wird ein Messkonzept zur Erfassung der komfortrelevanten Messgrößen entworfen und in einem Versuchsträger umgesetzt. Die aufgenommenen Fahrkomfortmessungen bilden die Grundlage zur nachfolgenden Modellbildung, Identifikation und Validierung des Systemansatzes.

Hierfür werden zur Berücksichtigung der nichtlinearen Eigenschaften des Fahrzeugs anregungsabhängige Übertragungsfunktionen zwischen der Fahrbahnanregung und den Aufbaubeschleunigungen identifiziert. Diese Übertragungsfunktionen dienen zusammen mit einem entwickelten Validierungsverfahren der um einen Arbeitspunkt anregungsunabhängigen Charakterisierung des Schwingungskomforts eines Fahrzeugs.

Die Bewertung der erreichten Genauigkeit des Systemansatzes erfolgt anhand unterschiedlicher Fahrzeuge, Fahrzeugeigenschaften und Komfortstrecken unter Zuhilfenahme der Richtlinie VDI2057.

Abstract

Excitation independent vehicle ride comfort characterisation

In this Ph.D. thesis, a system approach is developed, which characterizes the ride comfort of a vehicle independent of the road excitation by six parameters.

Because the characterizations of the ride comfort using measurement data from vehicle test runs, a measurement concept for measuring the ride comfort related measures is designed and implemented in a test vehicle. The acquired ride comfort measurements are the basis for subsequent modelling, identification and validation of the system approach.

For consideration of the nonlinear properties of the vehicle excitation dependent transfer functions between the road excitation and the vehicle body accelerations are identified. These transfer functions are developed together with the validation process of the excitation independent characterization around an operating point of the ride comfort of a vehicle.

The evaluation of the achieved accuracy of the systems approach is based on different vehicles, vehicle performance and ride comfort tracks with the aid of the guideline VDI2057.

Vorwort

Die vorliegende Arbeit entstand während meiner drei jährigen Tätigkeit als Doktorand in der Forschungsabteilung Fahrdynamik GR/PAV der Daimler AG.

Mein besonderer Dank gilt meinem Hauptreferent Prof. Dr. rer.nat. Frank Gauterin, meinem Abteilungsleiter Prof. Dr.-Ing. habil. Dieter Ammon und meinem Teamleiter Dr.-Ing. Karl-Josef Rieger für die vorbildliche Unterstützung und Mitwirkung bei der gesamten Arbeit. Sie verfolgten mein Dissertationsvorhaben stets mit größtem Interesse und haben durch ihre hervorragenden Fachkompetenzen und sehr wertvolle Hinweise maßgeblich zum Gelingen dieser Arbeit beigetragen. Herrn Prof. Dr.-Ing. Carsten Proppe danke ich sehr für die sorgfältige Durchsicht der Arbeit und die Übernahme des Korreferates.

Bedanken möchte ich mich ebenfalls bei meinen Teamkollegen Dipl.-Ing. Christoph Däsch, Dipl.-Ing. Klaus Schäfer und Dr.-Ing. Ralph Streiter, dass sie mir stets mit Rat und Tat zur Seite standen sowie bei allen anderen, die zur Entstehung dieser Arbeit beigetragen haben. Vielen Dank!

Meinen Eltern und besonders meiner Schwester danke ich, dass sie mich während meines kompletten Ausbildungsweges immer unterstützten.

Mein größter Dank aber gilt meiner liebevollen Lebensgefährtin für die unendliche private Unterstützung.

Sindelfingen,
im Mai 2011

Vladimir Iliev

Inhaltsverzeichnis

Verzeichnis der Formelzeichen, Indizes und Abkürzungen

r_N	Abstand vom Schwerpunkt zum Nickpol
r_W	Abstand vom Schwerpunkt zur Wankachse
l_h	Abstand zwischen Radmitte und Schwerpunkt in Längsrichtung hinten
l_v	Abstand zwischen Radmitte und Schwerpunkt in Längsrichtung vorne
s_r	Abstand zwischen Radmitte und Schwerpunkt in Querrichtung hinten
s_l	Abstand zwischen Radmitte und Schwerpunkt in Querrichtung vorne
ABC	Active Body Control
d_A	Aufbaudämpfungskonstante
c_A	Aufbaufedersteifigkeit in Vertikalrichtung
F_A	Aufbaukraft
m_A	Aufbaumasse
x_A	Aufbauposition in Längsrichtung
y_A	Aufbauposition in Querrichtung
z_A	Aufbauposition in Vertikalrichtung
$y(t)$	Ausgangsvektor
R_{xx}	Autokorrelationsfunktion
S_{xx}	Autoleistungsdichtespektrum
C	Beobachtungsmatrix
CAN	Controller Area Network
F_d	Dämpferkraft
DMS	Dehnungsmessstreifen
D	Durchgangsmatrix
$u(t)$	Eingangsvektor
g	Erdbeschleunigung
$\dot{x}(t)$	erste Zeitableitung des Zustandsvektors

$E\{\ \}$	Erwartungswertoperator
z_s	Fahrbahnhöhe
FSK	Fahrersitzkonsole
$v_{(x)}$	Fahrzeuggeschwindigkeit (in Längsrichtung)
∇	Gradientenvektor
hl	hinten-links
hr	hinten-rechts
U_{hub}	Hubanregung
$\ddot{z}_A$	Hubbeschleunigungen
$\dot{z}_A$	Hubgeschwindigkeit
dt	(Integrations/Abtast) Schrittweite
$\mathrm{ICP}^{®}$	Integrated Circuit Piezoelectric
γ	Kohärenzfunktion
R_{xy}	Kreuzkorrelationsfunktion
S_{xy}	Kreuzleistungsdichtespektrum
$U_{längs}$	Längsanregung
$\ddot{x}_A = a_x$	Längsbeschleunigung
$MEMS$	Micro-Electro-Mechanical System
$MOLA$	Motorlager
U_{nick}	Nickanregung
$\ddot{\varphi}_A$	Nickbeschleunigungen
φ	Nickwinkel
OE	Output-Error-Modell
e	Prädiktionsfehler
U_{quer}	Queranregung
$\ddot{y}_A$	Querbeschleunigung
$\ddot{z}_R$	Radbeschleunigung
F_R	Radkraft
m_R	Radmasse

z_R	Radposition in Vertikalrichtung
l	Radstand
F_R	Reibkraft
c_R	Reifensteifigkeit in Vertikalrichtung
f_0	Resonanzfrequenz
SP	Schwerpunkt
SFP	Servo-hydraulischer Fahrzeug-Schwingungsprüfstand
S	Spektralmatrix
s_p	Spurweite
B	Steuermatrix
A	Systemmatrix
p	Systemparametervektor
J_N	Trägheitsmoment um den Nickpol
J_W	Trägheitsmoment um die Wankachse
J_X	Trägheitsmoment um die Längsachse
J_Y	Trägheitsmoment um die Querachse
i	Übersetzungsverhältnis des Federbeins
$G_{i,j}(s)$	Übertragungsfunktion der i-ten Zeile und der j-ten Spalte
vl	vorne-links
vr	vorne-rechts
U_{wank}	Wankanregung
$\ddot{\kappa}_A$	Wankbeschleunigungen
κ	Wankwinkel
Ω	Wegkreisfrequenz
ω	Winkelgeschwindigkeit
T_t	Zeitverzug
$x(t)$	Zustandsvektor

1 Einleitung

1.1 Motivation

Die heutigen, modernen Fahrzeuge bieten einen sehr hohen Schwingungskomfort[1], dessen Beschreibung und Analyse täglich an Komplexität gewinnen. Gleichzeitig müssen aus ökonomischer Sicht die Entwicklungszeiten kontinuierlich reduziert werden.

Dies führt dazu, dass im heutigen Entwicklungsprozess zur Auslegung und Analyse des Schwingungskomforts sehr komplexe und hoch detaillierte Schwingungskomfortmodelle herangezogen werden müssen. Diese Modelle werden mittels vieler Prüfstandsmessungen und Erfahrungswerte früherer Serienfahrzeuge parametriert und validiert. Dies kann nicht automatisiert werden und führt dazu, dass Komfortanalysen sehr zeitintensiv und aufwändig werden. Sind die ersten Prototypen gebaut und werden diese fortlaufend optimiert, werden regelmäßig Prüfstandsmessdaten bzw. Messdaten aus mobilem Fahrbetrieb benötigt, um die Simulationsmodelle zu aktualisieren. Die Modellierung eines Fremdfahrzeugs ist aufgrund fehlender Informationen über die Subsystemcharakteristik mit einem bedingt hinnehmbaren Zeit- und Kostenaufwand verbunden.

Daher müssen zur Beschreibung und Analyse des Schwingungskomforts eines Fahrzeugs weiter vielfache subjektive[2] und objektive[3] Verfahren eingesetzt werden, die das Schwingungsverhalten des Fahrzeugs auf bestimmten Strecken und unter ausgewählten Betriebsbedingungen erfassen. Daraus lassen sich für eine Reihe von Zielgrößen Messwerte und Bewertungen ableiten. Problematisch ist bei diesen Verfahren, dass das Ergebnis von der Fahrbahnanregung abhängig ist. So ist es kaum möglich, eine Strecke bei jeder Bewertungsfahrt auf völlig gleicher Trajektorie im völlig gleichen Zustand des Fahrzeugs zu durchfahren. Kritisch wird es, wenn

---

[1] Der Schwingungskomfort lässt sich als das Wohlbefinden der Insassen aufgrund der Wahrnehmung von Vibrationen während der Fahrt definieren. Ab einer Frequenz von etwa 20Hz geht der fühlbare Wahrnehmungsanteil in einen hörbaren Wahrnehmungsanteil über.

[2] Subjektive Verfahren sind in diesem Kontext Verfahren, die zur Bewertung des Schwingungskomforts eines Fahrzeugs aus Sicht der Kunden herangezogen werden. Die Bewertung erfolgt meistens in einem Probandenversuch anhand von Fragebögen.

[3] Objektive Verfahren sind in diesem Kontext Verfahren, die den Schwingungskomfort eines Fahrzeugs anhand von Messungen bewerten. Diese beinhalten fahrzeugspezifische Größen, wie z.B. Aufbaubeschleunigungen.

öffentliche Straßen ausgebessert oder erneuert werden und bisherige Messergebnisse nicht mehr als Referenz herangezogen werden können, da die Reproduzierbarkeit der gemessenen Aufbaubeschleunigungen nicht mehr gegeben ist.

Aus eben beschriebenen Gründen ist sowohl bei der simulationstechnischen Berechnung als auch bei der messtechnischen Erfassung des Schwingungskomforts eines Fahrzeugs Handlungsbedarf vorhanden. Dieser lässt sich mit Hilfe der folgenden Leitfragen definieren:

- Wie komplex muss ein Simulationsmodellmodell sein, das anhand von wenigen Komfortmessungen aus mobilem Fahrbetrieb identifizierbar und validierbar ist und gleichzeitig den Schwingungskomfort eines Fahrzeugs abbilden kann?

- Wie sieht ein geeignetes Messkonzept aus, mit dessen Hilfe zusätzlich zu den fahrzeugspezifischen Messgrößen auch die Fahrbahnanregung erfasst werden kann, um die Parameteridentifikation zu erleichtern und somit einen sicheren Vergleich sowohl zwischen den Komfortmessungen untereinander als auch zwischen Messung und Simulation zu erlauben?

Bevor die Zielsetzung der Arbeit definiert werden kann, wird im nächsten Abschnitt ein Überblick über die Veröffentlichungen in der Fachliteratur hinsichtlich der definierten Leitfragen gegeben.

1.2 Stand der Forschung

Anhand der Leitfragen lassen sich die folgenden drei Recherche-Richtungen festlegen:

- Simulationsmodelle zur Charakterisierung des Schwingungskomforts von Fahrzeugen und Fahrzeugsubsystemen[4].

- Charakterisierung des Schwingungskomforts von Fahrzeugen und Fahrzeug-subsystemen anhand von Messdaten.

- Bewertung der Einwirkung mechanischer Schwingungen auf den Menschen.

---

[4] Die Subsysteme sind die einzelnen Baugruppen wie Reifen, Aufhängung, Karosserie etc. (siehe Kapitel 2).

1.2.1 Simulationsmodelle zur Charakterisierung des Schwingungs-komforts

Die Vorgehensweise zur Modellbildung kann aus zahlreichen Lehrbüchern entnommen werden [5],[19],[35],[47],[74]. Zeller [116] klassifiziert die gängigen Simulationsmethoden in Anhängigkeit des Anwendungsbereiches (Abb.1.1).

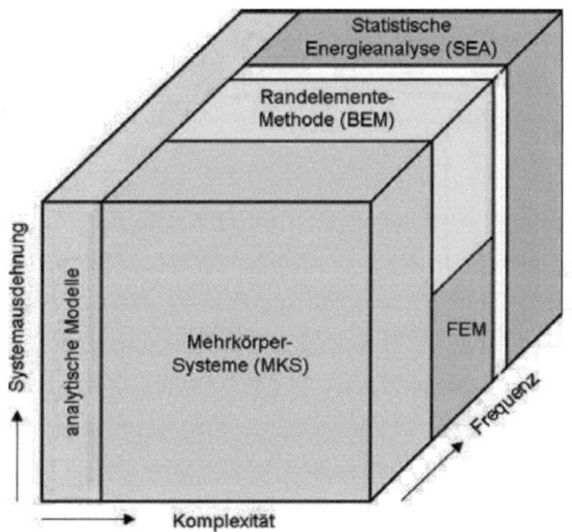

Abb.1.1: Gängige Analyseverfahren und typische Anwendungsbereiche [116]

Hiernach ist die Simulation mit analytischen Modellen und mit Mehrkörpersystemen (MKS) zur Charakterisierung des Schwingungskomforts am besten geeignet, da sie einen guten Kompromiss zwischen der Systemkomplexität und dem relevanten Frequenzbereich erlauben.

Im Folgenden wird ein kurzer Überblick über die Veröffentlichungen gegeben, die mit Hilfe von MKS-Modellen bzw. analytischen Modellen den Schwingungskomfort beschreiben und analysieren.

Mit der zunehmenden digitalen Rechenleistung in den vergangenen 20 Jahren haben sich zahlreiche Veröffentlichungen mit der Mehrkörpersimulation in der Fahrzeugtechnik beschäftigt.

Die allgemeine Verwendung und die Vorgehensweise zum Aufbau von MKS-Modellen kann aus [96],[113],[69] entnommen werden.

Wimmer [114] stellt Methoden zur ganzheitlichen Optimierung des Fahrwerks von Personenkraftwagen vor. Er entwickelt ein Konzept zur Fahrzeugauslegung und -optimierung, so dass die Fahrzeugeigenschaften der ersten Prototypen durch Rechnersimulationen möglichst nahe am Serienfahrzeug ausgelegt werden können. Anhand eines Anwendungsbeispiels zeigt er, dass die bereitgestellten Werkzeuge für eine ganzheitliche Optimierung verwendet werden können.

Holdmann [45] und Zamow [115] zeigen mit Hilfe des MKS- Simulationsprogramms ADAMS die Verwendung einfacher Reifenmodelle als elastische Bindungselemente in der Fahrzeugsimulation auf.

In den letzten Jahren kommen immer komplexere Reifenmodelle zur Simulation des Schwingungskomforts zum Einsatz. Diese lassen sich in die MKS-Simulationsprogramme integrieren und werden in zwei Hauptgruppen aufteilt. Die eine Gruppe beschäftigt sich mit den Quereigenschaften[5] von Reifen und setzt meistens eine ebene Fahrbahn voraus. Nach Gipser [33] werden solche Modelle als Handlingsmodelle bezeichnet. Die bekanntesten Handlingsmodelle sind Brid [33], IPG-Tire [101] und Magic Formula [84],[83]. Die andere Gruppe, auch bekannt als Komfortmodelle [33], legt den Schwerpunkt auf die hauptsächlich durch Fahrbahnanregungen zustande kommenden dynamischen Eigenschaften des Reifens. Zu den bekanntesten Vertretern dieser Gruppe gehören F-Tire [34],[32], RMOD-K [79] und SWIFT-Tire [82].

Zur Parametrierung und Validierung der oben genannten Reifenmodelle existiert eine sehr große Anzahl von Veröffentlichungen [37],[56],[110],[44], die sich im wesentlichen auf Prüfstandsuntersuchungen und/oder auf die parametrische Identifikation konzentrieren. Hierbei werden primär die statischen oder dynamischen Eigenschaften des Reifens untersucht.

Durch geeignete MKS-Modelle in Kombination mit komplexen Reifenmodellen können Schwingungskomfortanalysen im hochfrequenten Frequenzbereich ab 30 Hz durchgeführt werden, die zur virtuellen Auslegung eines Fahrzeugs herangezogen werden können [114],[34],[33]. Die Parametrierung und Validierung von komplexen MKS- und Reifenmodellen sind sehr zeitintensiv und aufwändig. Die Vorgehensweise

---

[5] Die Quereigenschaften des Reifens spielen bei der Beschreibung von Vorgängen in y-Richtung wie Kurvenverhalten, Fahrstabilität, Spurführung bzw. Kurshaltung etc. eine signifikante Rolle [34],[19],[39].

zur Parametrierung von komplexen Reifenmodellen ist zum Teil noch Gegenstand der Forschung.

Spricht man von Schwingungskomfort, ist der Frequenzbereich unterhalb 30Hz gemeint [36],[106]. In diesem Frequenzbereich findet sehr häufig die Simulation des Schwingungskomforts mit geeigneten analytischen Ansätzen eine Anwendung.

Eine Beschreibung über die Modellierung und Simulation von Fahrzeugen bzw. von Fahrzeugsubsystemen mit Hilfe von analytischen Ansätzen lässt sich in [5],[19],[35],[39],[74] finden.

Darauf aufbauend finden sich zahlreiche Veröffentlichungen, die sich mit dem Schwingungsverhalten von Fahrzeugen und von Fahrzeugsubsystemen beschäftigen.

Alberti [1] untersucht anhand eines Viertelfahrzeugmodells die Auswirkungen einer adaptiven Dämpfung auf den Schwingungskomfort. Seine theoretischen Untersuchungen zeigen, dass der Schwingungskomfort des Systems mit adaptiver Dämpfung gegenüber passiver Dämpfung erhöht werden kann, solange keine sicherheitsmindernden Phänomene wie z.B. große Radlast- oder Aufbauschwankungen auftreten.

Ammon [6] untersucht das Modell eines Ein-Rohr-Gasdruckstoßdämpfers bzgl. des Abrollkomforts. Er zeigt durch analytische Ansätze auf, dass Dämpfer ohne Reibung ausgeprägte Komfortverbesserungspotenziale bieten. Er weist aber darauf hin, dass ein „Ideal-" Stoßdämpfer auch bei guter stationärer Abstimmung Abrollkomfortprobleme verschärfen könnte, da die Berücksichtigung der dynamischen Wechselwirkungen mit anderen Fahrwerkbauteilen erforderlich ist. Hiernach ist eine Abstimmung bzw. Bewertung des Stoßdämpfers bzgl. des Abrollkomforts in realitätsnahen Simulationsmodellen oder direkt im Fahrzeug empfehlenswert.

Mühe [77] in seiner Dissertation und die Arbeiten von Mitschke [74],[75] haben sich anhand theoretischer Untersuchungen mit der Frage beschäftigt, welchen Einfluss nichtlineare Feder- und Dämpferkennlinien auf die Schwingungseigenschaften von Kraftfahrzeugen haben. Es wurde gezeigt, dass eine nichtlineare Federkennlinie bei einer gegebenen stochastischen Anregung durch eine lineare Federkennlinie approximiert werden kann und dass die Knickstelle im Ursprung einer Dämpferkennlinie bei Überfahrt von positiven Einzelhindernissen (Schlagleisten) geringfügig den Schwingungskomfort verbessern kann. Bei Überfahrt von negativen Einzelhindernissen (Schlaglöcher) verschlechtert sich sogar der Schwingungskomfort.

Neben den theoretischen Untersuchungen haben viele Autoren die analytische Modellbildung mit experimentellen Untersuchungen am Prüfstand verknüpft und gezeigt, dass ein Zusammenspiel zwischen Versuch und Simulation zur Lösungsfindung von Problemen im Bereich des Fahrkomforts erforderlich ist [60].

Manger [65] untersucht mit einem Viertelfahrzeugmodell und an einem servohydraulischen Fahrzeug-Schwingungsprüfstand das Schwingungsverhalten von Kraftfahrzeugen. Unter Berücksichtigung der Coulomb'schen Reibung analysiert er das Schwingungsverhalten des Stoßdämpfers beim Übergang vom Haft- in den Gleitreibungsbereich. Das Stoßdämpfermodell wird unter Vernachlässigung der Reifendynamik und für sehr kleine Weganregungsamplituden aufgestellt.

Troulis [104] hat in seiner Dissertation das Übertragungsverhalten von Radaufhängungen untersucht, wobei der Schwerpunkt im Aufbau eines Viertelfahrzeug-Trommelprüfstands und in der Parametrierung und Erweiterung von Gummilagermodellen bestand. Anhand der am Prüfstand gewonnenen Messungen berechnet er zur Anpassung der Gummilagermodelle Korrekturfaktoren.

1.2.2 Charakterisierung des Schwingungskomforts anhand von Messdaten

Viele Autoren haben sich mit der Untersuchung des Schwingungskomforts anhand von Prüfstandmessungen beschäftigt. Hierfür kommen Methoden wie Transferpfadanalyse, Modalanalyse, Betriebsschwingungsanalyse etc. zum Einsatz [116].

Bukovics et al. [23] stellen eine Transferpfadanalyse am Gesamtfahrzeug vor, die auf einer direkten Messung der Aufbaukräfte mit Piezo-Kraftmessdosen am Fahrwerk basiert.

Fülbier [29] entwickelt einen Systemansatz zur Untersuchung und Beurteilung des Abrollkomforts von Kraftfahrzeugen bei Überfahrt von Einzelhindernissen. Hierfür setzt er zur Ermittlung der signifikanten Übertragungswege von Körper- und Luftschall die Transferpfadanalyse ein. Das Ergebnis seiner Dissertation stellt eine Möglichkeit dar, die subjektiven Schwingungs- und Geräuscheindrücke zu objektivieren, die bei der Anregung von Personenkraftwagen durch Einzelhindernisse entstehen.

Kim [54] untersucht das Fahrzeugabrollverhalten mit Hilfe der Simulation und der Transferpfadanalyse. Sie beschränkt sie dabei auf den tieffrequenten Bereich in vertikaler Richtung. Als Hauptpfad zur Einleitung von Körperschallenergie in den Innenraum wird der Stoßdämpfer identifiziert.

Kolm et al. [59] führen Untersuchungen zur Optimierung des Fahrkomforts durch Betrachtung der Dämpfungseigenschaften der Radaufhängung durch. Hierfür wird der Stoßdämpfer an einen Prüfstand montiert und im Bereich zwischen 2 und 20 Hz stochastisch angeregt.

Olatunbosun et al. [81] zeigen, dass erhebliche Unterschiede im Schwingungsverhalten des Reifens zwischen einem nicht-rollenden und einem rollenden Zustand vorhanden sind.

Weitere ähnliche Arbeiten werden in [9],[40],[41] veröffentlicht.

1.2.3   Bewertung der Einwirkung mechanischer Schwingungen auf den Menschen

Zur objektiven und subjektiven Bewertung des Komfortempfindens eines Menschen wurden zahlreiche Arbeiten veröffentlicht.

Auf einem Zweiachstrommelprüfstand hat Hazelaar [38] eine umfangreiche Analyse von subjektiven Abrollkomfortbeurteilungen durchgeführt. Dabei stellt er fest, dass die subjektive Komfortbeurteilungen auf dem Prüfstand etwa um den Faktor 1,2 stärker als die während einer Straßenfahrt ausfallen.

Hennecke [42] kam zur Feststellung, dass vertrauenswürdige Beurteilungsergebnisse für den Fahrkomfort nur während einer Straßenfahrt erhoben werden könnten.

Mitschke [74] hat sich seit längerem mit dem Zusammenhang zwischen den Subjektivurteilen und den objektiven Komfortmessgrößen beschäftigt. In seiner subjektiven Analyse stellt er fest, dass fühlbare Schwingungen bis 30Hz und hörbare Schwingungen bis 50Hz wesentlich den Abrollkomfort prägen.

Bellmann [10],[11],[12],[13] hat sich mit den Wahrnehmungs- und Unterschiedsschwellen von Vibrationen auf einem Kraftfahrzeugsitz in Vertikalrichtung beschäftigt. Diese hat er in einem Frequenzbereich zwischen 5Hz und 200Hz ermittelt. Die Wahrnehmungsschwelle wurde frequenzabhängig ermittelt. Bei 5Hz nimmt sie einen Wert von $0{,}015 m/s^2$ an und ist somit vergleichbar mit der in der VDI-Richtlinie 2057 ermittelten Wahrnehmungsschwelle. Mit zunehmender Frequenz steigt die Wahrnehmungsschwelle. Bei einer Frequenz von 30Hz liegt sich bei $0{,}022 m/s^2$. Zur Ermittlung der Unterschiedsschwelle wurde als Referenz ein Sinus-

Signal mit einer Amplitude von $0{,}1 m/s^2$ und einer Frequenz von $20Hz$ verwendet. Bellmann hat gezeigt, dass die Unterschiedsschwelle frequenzabhängig ist und deutlich oberhalb der Wahrnehmungsschwelle liegt. Bei einer Frequenz von 5Hz ergibt sich eine Unterschiedschwelle bei $0{,}063 m/s^2$. Erhöht man die Frequenz auf 30Hz, liegt die Unterschiedsschwelle bei $0{,}16 m/s^2$. Die Unterschiedsschwelle weist eine starke Abhängigkeit vom Referenzsignal auf [10],[36]. Somit ist sowohl bei der Wahl der Anregungsintensität als auch bei der Wahl der Anregungsart (sinusförmig, stochastisch etc.) des Referenzsignals besondere Vorsicht geboten.

Mehreren ISO-Normen [48],[49],[50] und VDI-Richtlinien [106],[107],[108] fassen die Erkenntnisse der letzten 50 Jahren zum subjektiven und objektiven Schwingungsempfinden des Menschen zusammen. Die ISO-Normen und VDI-Richtlinien werden auf Basis internationaler Diskussionen und Erkenntnisse in regelmäßigen Abständen ergänzt. Die letzte Ergänzung der VDI2057-Richtlinie fand im Jahr 2002 statt.

Derzeit sind die Untersuchungen bzgl. des Wohlbefindens eines Menschen während der Einwirkung mechanischer Schwingungen weiterhin Gegenstand der Forschung (siehe Kapitel 2).

1.2.4 Fazit

Ausgehend von den Erkenntnissen der gesichteten Veröffentlichungen, kann festgestellt werden, dass die in Abschnitt 1.1 definierten Leitfragen unzureichend geklärt sind.

Hiernach fehlen genauere Erkenntnisse darüber, inwieweit der Schwingungskomfort eines Fahrzeugs trotz der Nichtlinearitäten mit Hilfe von linearen analytischen Ansätzen beschrieben werden kann.

In der Literatur finden sich Hinweise, dass zur Analyse der nichtlinearen Eigenschaften der Fahrzeugsubsysteme die Berücksichtigung der dynamischen Wechselwirkungen dazwischen erforderlich ist [6]. Diese Wechselwirkungen können am besten anhand von Messdaten auf komfortrelevanten Strecken analysiert werden, da sich die Fahrzeugschwingungseigenschaften der am Prüfstand aufgenommenen Messungen im Vergleich zu den in mobilen Fahrbetrieb unterscheiden (s. Kapitel 5). Hierfür ist die Erfassung der Fahnbahnanregung synchron mit den fahrzeugspezifischen Komfortgrößen erforderlich. Dies ist ebenfalls bis heute unzureichend untersucht.

1.3 Aufgabenstellung und Zielsetzung der Arbeit

Daher wird im Rahmen dieser Arbeit untersucht, wie eine möglichst einfache, ausreichend genaue Beschreibung des Schwingungskomforts eines Fahrzeugs unabhängig von der Fahrbahnanregung im tieffrequenten Schwingungsbereich bis 30Hz möglich ist.

Wobei *„einfach"* in diesem Kontext bedeutet, dass die Charakterisierung des Schwingungskomforts anhand von wenigen Parametern und anhand von wenigen Fahrkomfortmessungen auf komfortrelevanten Strecken erfolgen soll.

Da die aus der Literatur bekannten Unterschiedsschwellen [10],[13],[36] deutlich oberhalb der Wahrnehmungsschwellen liegen und sich aufgrund des sinusförmigen Referenzsignals bzw. der starken Abhängigkeit bzgl. Intensität/Art des Referenzsignals nur bedingt zur Bewertung von stochastischen Signalen eignen, wird die Differenz zwischen Messung und Simulation mit Hilfe der Wahrnehmungsschwelle aus der VDI2057-Richtlinie definiert. Wenn diese Differenz unter der Wahrnehmungsschwelle des Menschen liegt und eine sichere Auflösung von Fahrzeugtypen, Fahrzeugeigenschaften und Komfortstrecken möglich ist, wird die Charakterisierung des Schwingungskomforts als *„ausreichend genau"* definiert.

Es ist zu prüfen, inwieweit die aus der Fachliteratur bekannten analytischen Ansätze zur Schwingungskomfortanalyse im tieffrequenten Schwingungsbereich bis 30Hz[6] verwendet und gegebenenfalls weiterentwickelt werden können.

Weiter ist zu prüfen, inwieweit sich Ansätze wie z.B. die Übertragungspfadanalyse auf den tieffrequenten Schwingungsbereich bis 30Hz übertragen und trotz der nichtlinearen Fahrzeugkomponente zur Schwingungskomfortanalyse anwenden lassen. Das Fahrzeug stellt das zu untersuchende System dar. Hierzu werden die Systemgrenzen so definiert, dass die Anregung der linken und der rechten Fahrbahnspur die Eingänge und die Aufbaubeschleunigungen die Ausgänge des Systems darstellen.

---

[6] Nach Mitschke [74] beeinflussen die fühlbaren Schwingungen bis 30Hz wesentlich den Schwingungskomfort. Dies konnte er durch Analysen von Probandenversuchen zeigen.

Ziel der Arbeit ist es, ein Systemansatz zum Schwingungsübertragungsverhalten eines Fahrzeugs sowie den zugehörenden Parameter-Identifikationsprozess zu entwickeln, anhand dessen eine Prognose der Aufbaubeschleunigungen bei vorgegebener Fahrbahnanregung ermöglicht wird.

Um dieses Ziel zu erreichen werden zur Verfahrensentwicklung und zur Verifikation des Systemansatzes hauptsächlich reale Messdaten aus dem Fahrversuch bzw. von Prüfstandsversuchen verwendet.

In einem ersten Schritt werden Komfortmessungen an ausgewählten Fahrzeugen verschiedener Baureihen, z.B. S-Klasse und C-Klasse, durchgeführt. Dabei sollen alle relevanten Anregungsquellen erfasst werden, die sich an den Federbeindomen und an der Fahrersitzschiene bemerkbar machen, wie z.B. die Straßenanregung, gemessen mittels geeigneter Lasersensorik, sowie die Anregungen, die über die Motor- und Antriebsschwingungen in die Karosserie eingeleitet werden. Zu untersuchen ist der komplette Transferpfad von der Straße zur Fahrersitzschiene, wobei nicht nur Radanregungen in Vertikal-, sondern auch in Längs- und in Querrichtung berücksichtigt werden. Die Messungen werden auf ausgewählten Komfortstrecken mit verschieden starker Anregungsintensität und unterschiedlichen Anregungsspektren zunächst bei verschiedenen konstanten Geschwindigkeiten durchgeführt.

Es ist bekannt, dass sich die Nichtlinearitäten in den Bauteilen wie z.B. Aufbaudämpfern und Aufbaufeder auf den Schwingungskomfort auswirken [35],[38],[75],[74]. Diese werden von dem Systemansatz durch eine anregungsabhängige Linearisierung des anregungsabhängigen Arbeitsbereiches berücksichtigt.

Die Festlegung der Versuchsumgebung, wie z. B. der benötigten Teststrecken sowie der benötigten Prüfstände erfolgt während der Arbeit je nach Bedarf.

Als Simulationsumgebung wird Matlab/Simulink herangezogen.

Ein Schwerpunkt der Arbeit liegt im Aufbau des benötigten Systemverständnisses und der Abbildung dessen in Form eines Simulationsmodells. Hiernach soll das Modell gerade so komplex wie nötig sein, so dass die wesentlichen Schwingungskomforteigenschaften beschrieben und die gewünschten Vorhersagen getroffen werden können. Gleichzeitig soll dieses so einfach wie möglich sein, um die Parameteridentifikation und Validierung anhand von wenigen Fahrkomfortmessungen zu ermöglichen.

Den zweiten Schwerpunkt der Arbeit bildet die Festlegung der für die Systemidentifikation erforderlichen Komfortstrecken bzw. Prüfstandsversuche sowie der geeigneten Sensorik. Da die Messsignale als Eingangsgrößen für das Simulationsmodell und die Ausgangsgrößen als Zielgrößen in der Systemidentifikation bzw. -optimierung verwendet werden, sind die Messsignale genau zu betrachten. Als Ausgangspunkt werden die heute in der Komfortvermessung üblichen Rad- und Aufbaubeschleunigungssensoren sowie die an der Sitzschiene angebrachten Beschleunigungssensoren herangezogen. Zudem werden auch die Radkräfte und Radmomente mit Hilfe von Messfelgen sowie die Fahrbahnanregung mittels geeigneter Lasersensoren erfasst.

Die Festlegung und Konfektionierung eines geeigneten Identifikations-, Optimierungs- und Validierungsprozesses bildet den dritten Schwerpunkt der Arbeit. Zur Identifikation und Optimierung werden die in Matlab zur Verfügung stehenden Funktionen herangezogen und an die Identifikations- bzw. Optimierungsaufgabe angepasst. Die Vektoroptimierung oder Mehrkriterienoptimierung kann im Allgemeinen nicht alle Zielfunktionen gleichzeitig minimieren. Dadurch ergibt sich das Konzept der Pareto optimalen Lösungen, die vor allem von den Gütekriterien und den Zielfunktionen abhängig sind. Hier ist auf Basis des angeeigneten Systemverständnisses eine geeignete Reihenfolge der Optimierung zu finden.

Die entwickelte Methode wird auf definierte Phänomene, Betriebsbedingungen, Fahrzeugkombinationen und Strecken angewendet. Die Systemcharakterisierung aus dem Versuch wird mit der Simulation verglichen. Der Gültigkeitsbereich des Verfahrens wird beschrieben, insbesondere wird die erreichbare Genauigkeit in Abhängigkeit vom gewählten Fahrzeugsystem, von der Strecke und vom Betriebszustand quantifiziert.

Die Untersuchungen konzentrieren sich auf Pkws.

2 Fahrkomfortmessungen

Fahrkomfortmessungen bilden die Basis zur objektiven Bewertung des Schwingungskomforts eines Fahrzeugs und essenziell zur Parametrierung und Validierung von Simulationsmodellen. Aus diesem Grund müssen die Messungen, die anschließende Datenaufbereitung und deren Analyse sehr sorgfältig geplant und durchgeführt werden. Besonders bei der Optimierung und Validierung von Simulationsmodellen wirken sich eine unpräzise Dokumentation der Sensorausrichtung im gewählten Koordinatensystem und eine schlechte Kalibrierung der verwendeten Messtechnik negativ aus. Weiter muss die „richtige" Messtechnik z.B. abhängig vom interessierenden Frequenzbereich und von der geforderten Messgenauigkeit gewählt werden.

In diesem Kapitel wird zuerst die verwendete Laser-Sensorik zur Fahrbahnerfassung beschrieben. Die erreichte Genauigkeit der Fahrbahnrekonstruktion wird analysiert. Da diese Laser-Sensorik zweidimensional in Längs- und in Vertikalrichtung die Fahrbahn erfasst, wird der Einsatz einer dreidimensionalen Laser-Sensorik zur Vergrößerung der erfassten Latschfläche in Querrichtung vorgestellt. Anschließend werden die Fahrzeug-Subsysteme und deren Schnittstellen definiert. Die an den Schnittstellen zur Erfassung des Übertragungsverhaltens der Subsysteme verwendete Messtechnik wird erörtert. Daraufhin wird das Messkonzept erläutert und die Platzierung der Messtechnik am Beispiel eines Versuchsträgers veranschaulicht. Die Vorgehensweise bei der Synchronisation der verschiedenen Messsysteme wird beschrieben. Die schematische Erläuterung eines servo-hydraulischen Fahrzeug-Schwingungsprüfstandes und die Darstellung unterschiedlicher Komfort-Bewertungsverfahren bilden den Abschluss dieses Kapitels.

2.1 Fahrbahnerfassung

Wie in Kapitel 1 bereits erwähnt, ist es ohne Kenntnis der gefahrenen Trajektorie problematisch, Komfortmessfahrten miteinander zu vergleichen. Zur Parametrierung und Validierung von Schwingungskomfort-Simulationsmodellen müssen gemessene

Signale wie Rad-, Aufbaubeschleunigungen etc. herangezogen werden. Diese Signale beinhalten sowohl die Straßenanregung als auch fahrzeugspezifische Schwingungsphänomene. Diese hängen vom Beladungszustand, der Achsgeometrie, der Aufhängung, der Karosserie etc. ab und variieren von Fahrzeug zu Fahrzeug. Eine Erfassung der Fahrbahn während einer Komfortfahrt kann die Parametrierung und Validierung von Simulationsmodelle erleichtern.

Die Erfassung der Fahrbahn bietet weiter den Vorteil, fahrzeugunabhängige Eingänge zu generieren. Diese können ohne Probleme in eine Simulationsumgebung eingebunden werden.

Der Fahrkomfort unterschiedlicher Fahrzeuge kann bei bekannter Fahrbahnanregung sowohl anhand der Messung als auch anhand der Simulation mit einem zutreffenden Fahrzeugmodell aufgezeigt und verglichen werden. Ein Verfahren zur Bewertung des Schwingungskomfortempfindens des Menschen ist z.B. in VDI 2057 beschrieben.

Zur Erfassung der Fahrbahn kommen zwei Laserscanner zum Einsatz, welche auch im Forschungsfahrzeug F700 der Daimler AG integriert sind (Abb.2.1).

Abb.2.1: Forschungsfahrzeug F700

Die Laserscanner vom Typ LMS 291 S14 „Fast" der Firma SICK AG arbeiten nach dem Pulslaufzeitprinzip[7] und tasten die Fahrbahnoberfläche zweidimensional (in Längs- und Vertikalrichtung) ab (vgl. Abb.2.2 bzw. Abb.2.6). Diese sind in den Scheinwerfergehäusen eingebaut. Weitere Information zum Messprinzip und zur Programmierung können aus [99],[100] entnommen werden.

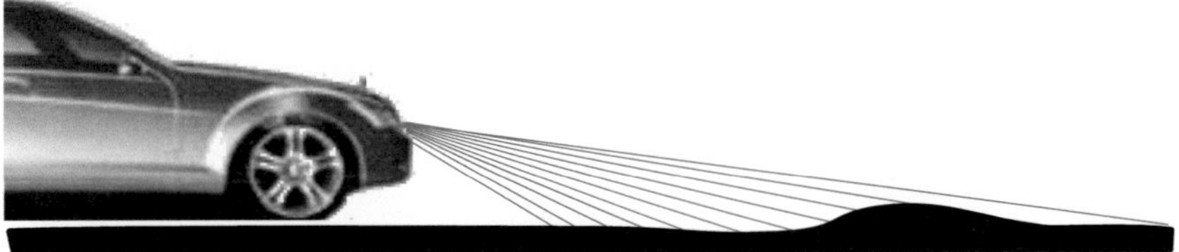

Abb.2.2: Schematische Darstellung der Fahrbahnabtastung

Das Verfahren zur Fahrbahnrekonstruktion wurde in der Abteilung Fahrdynamik GR/PAV der Daimler AG entwickelt. Die wesentlichen Schritte der Fahrbahnrekonstruktion können wie folgt zusammengefasst werden:

- Alle Scanstrahlen werden remissionsabhängig korrigiert und derer Plausibilität geprüft.

- Die Fahrbahnprofile werden durch Ausgleichsrechnung zwischen allen Scans ermittelt. Der linke und der rechte Laser-Scanner sind über den Stoßfänger starr miteinander verbunden.

- Alle Scanstrahlen werden gewichtet, da eine Abhängigkeit zwischen Messgenauigkeit der Messentfernung vorhanden ist.

- Die Längskoordinate entsteht durch Integration der ESP-Längsgeschwindigkeit (Raddrehzahlen).

- Die Geländekontur wird anhand der Steigungswinkelschätzung aus der Längsbeschleunigung nachgeführt [siehe Gl.(2.1)].

---

[7] Ein ausgesandter Lichtimpuls einer definierten zeitlicher Länge wird an einem Ziel reflektiert und über den gleichen Strahlweg wieder empfangen. Zum Aussendezeitpunkt startet ein Zähler und stoppt wieder mit dem Eintreffen des Empfangssignals [99].

Die Genauigkeit der Straßenrekonstruktion lässt sich u.a. analysieren, indem man dieselbe Straße bei unterschiedlichen Messgeschwindigkeiten vermisst und rekonstruiert. Bei der Straße handelt es sich um eine Landstraße mit stochastischem Anregungsprofil und nicht um eine künstliche Strecke wie eine Sinusstraße oder Schlagleisten. In Abb.2.3 ist die schematische Vorgehensweise dargestellt.

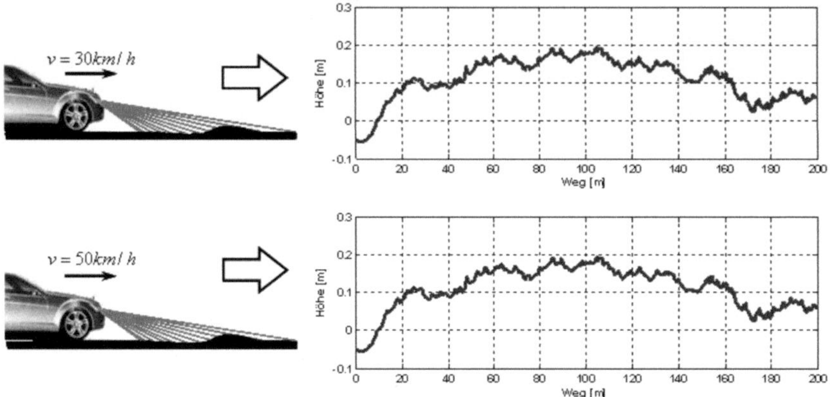

Abb.2.3: Vorgehensweise bei der Bewertung der Genauigkeit der Straßenrekonstruktion

Durch die Geschwindigkeitsvariation ändern sich die Anregungsintensität und die Anregungsart des Aufbaus. Bei einer stochastischen Fahrbahnanregung muss somit während der Fahrbahnrekonstruktion die Aufbauposition exakt bestimmt werden, da diese sonst das Straßensignal verfälschen würde. Abb. 2.4 zeigt die mit 30 und 50km/h aufgenommenen, in Abhängigkeit vom Weg rekonstruierten linken und rechten Fahrbahnspuren[8] im Vergleich. Die Differenz zwischen den Fahrbahnprofilen liegt unter 1mm. Denk man daran, dass sich diese Abweichung von weniger als 1mm u.a. aus der Lasersensor-Genauigkeit, der Genauigkeit der Aufbaupositionsbestimmung sowie der Unsicherheit bei der Spurhaltung zusammensetzt, ist die erreichte Genauigkeit des Verfahrens zur Fahrbahnrekonstruktion bemerkenswert.

---

[8] Eine Spur ist in diesem Kontext eine Matrix. Die erste Spalte beinhaltet die Weginformation in Längsrichtung mit einer Abtastung von 1cm. Die zweite Spalte beinhaltet entsprechend die Fahrbahnhöhe in Vertikalrichtung.

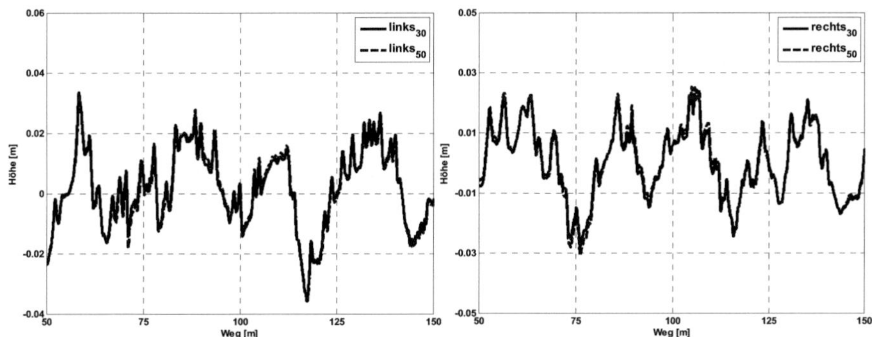

Abb.2.4: Analyse der Fahrbahnrekonstruktion bzgl. der erreichten
Genauigkeit der linken und der rechten Fahrbahnspuren

Es stellt sich die Frage, ab welcher Frequenz sich die aus den 30 und 50km/h Messungen rekonstruierten linken bzw. rechten Fahrbahnspuren in ihren Frequenzgehalt unterscheiden. Diese Frage lässt sich durch eine Auswertung im Frequenzbereich beantworten. Vergleicht man die Autoleistungsdichtespektren der Fahrbahnspuren, lassen sich Unterschiede in der Anregungsintensität in Abhängigkeit der Frequenz bewerten. Anhand der Kohärenz werden Unterschiede in der Anregungsart (Frequenzgehalt) zwischen zwei Signalen sichtbar (vgl. Kapitel 3).

In Abb.2.5 sind die Leistungsdichtespektren der mit 30 und 50 km/h aufgenommenen linken und rechten Fahrspuren und die Kohärenz zwischen den linken und den rechten Fahrbahnspuren dargestellt. Die Fahrbahnanregungen mit einer Wellenlänge kleiner als 30cm wurden gefiltert, da sie umgerechnet mit der niedrigsten Komfortmessgeschwindigkeit von 10m/s (36km/h) eine Anregungsfrequenz von 30Hz ergeben und somit nicht im interessierenden, komfortrelevanten Frequenzbereich liegen. Wie zu erwarten unterscheiden sich die aus den 30 und 50km/h Messungen rekonstruierten linken Fahrbahnspuren in der Anregungsintensität nicht. Analog gilt dies für die rechten Fahrbahnspuren.

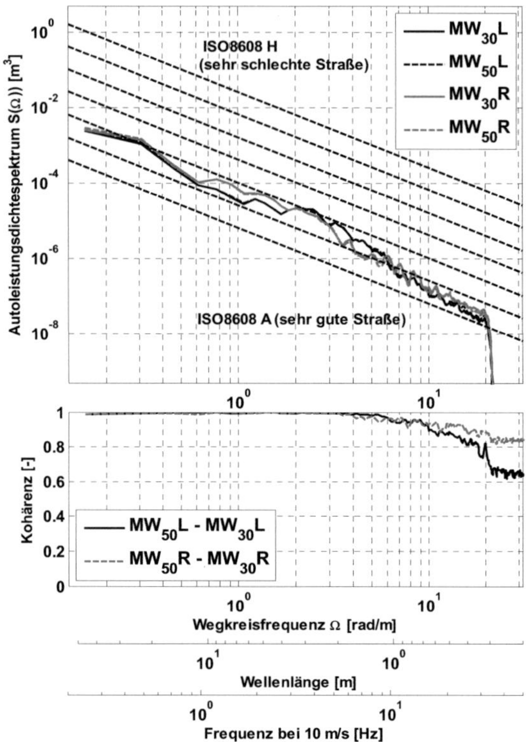

Abb.2.5: Leistungsdichtespektren der rekonstruierten linken
und rechten Fahrbahnspuren im Vergleich

Der Kohärenzverlauf zeigt, dass die mit 30 und mit 50km/h aufgenommenen
Fahrbahnprofile im interessierenden Frequenzbereich einen nahezu identischen
Frequenzgehalt aufweisen. Dies ist für die im Kapitel 4 vorgestellte Optimierung des
Schwingungsübertragungsverhaltens essenziell.

Denkt man an die erreichte Genauigkeit der Straßenerfassung von unter 1mm
zurück und vergleicht die Autoleistungsdichtespektren in Abb.2.5, wird ersichtlich,
dass die auf eine Fahrzeuggeschwindigkeit von 10m/s (36km/h) umgerechnete
Fahrbahnanregungsintensität bei 30Hz ebenso unter 1mm liegt. Da der Rauschanteil[9]

---

[9] Wenn der Rauschanteil im Signal größer als der Nutzanteil ist, bleibt die Amplitude des Autoleistungsdichtespektrums konstant über alle Frequenzen (weißes Rauschen).

in den Autoleistungsdichtespektren unter 30Hz kleiner als der Nutzanteil ist, kann hier festgehalten werden, dass die erreichte Genauigkeit der vermessenen Fahrbahnspur ausreichend ist. Durch die Erhöhung der Fahrzeuggeschwindigkeit während einer Komfortmessung ergibt sich eine Verschiebung der Leistungsdichtespektren zu höheren Frequenzen und somit eine Erhöhung der Anregungsintensität im hochfrequenten Bereich. Somit wäre es sinnvoll, eine höhere Fahrzeuggeschwindigkeit als 10m/s während einer Komfortmessung zu wählen.

Wie schon erwähnt, erfassen die Laserscanner die linke und die rechte Fahrbahnspur zweidimensional. Die Abtastung erfolgt in der Latschmitte (vgl. Abb.2.6).

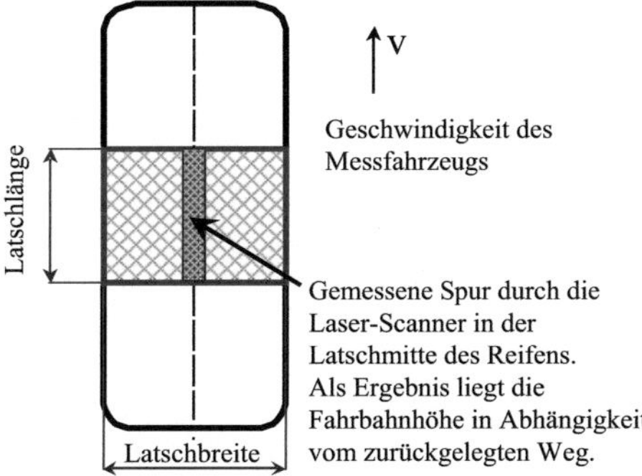

Abb.2.6: Schematische Darstellung der von den Laser-Scannern erfassten Fahrbahnspur

Dadurch wird nur ein Teil der Fahrbahnanregung im Latsch erfasst. Es stellt sich die Frage, ob die Erfassung von nur einer Spur in der Latschmitte ausreicht, um eine Identifikation des Schwingungsübertragungsverhaltens (siehe Kapitel 4) durchführen zu können. Hierfür wird mit Hilfe einer 3D-Vermessung der Komfortstrecke_1 (vgl. Kapitel 3) untersucht, inwieweit sich benachbarte Fahrbahnspuren in der Anregungsart bzw. in der Anregungsintensität unterscheiden.

Die 3D-Vermessung erfolgt mit Hilfe eines linienförmigen Laserstrahls, der eine Profillinie auf die Fahrbahnoberfläche „zeichnet". Eine Kamera erfasst diese Profillinie und gibt die Pixelkoordinaten des Höhenprofils mit einer Auflösung von 0,5mm aus. Da in Querrichtung mehrere Fahrbahnspuren gleichzeitig erfasst werden, bleibt die relative Genauigkeit von Spur zu Spur konstant. Diese relative Genauigkeit gibt die Unterschiede zwischen zwei unmittelbar benachbarten Fahrspuren wieder.

Anhand einer Latschbreite von beispielsweise 25cm werden anhand des Autoleistungsdichtespektrums benachbarter Fahrbahnspuren und deren Kohärenzverlauf die Unterschiede in der Anregungsintensität und Anregungsart untersucht.

In Abb.2.7 sind ausgesuchte Leistungsdichtespektren in Abhängigkeit der Latschbreite sowie deren Kohärenzverläufe dargestellt.

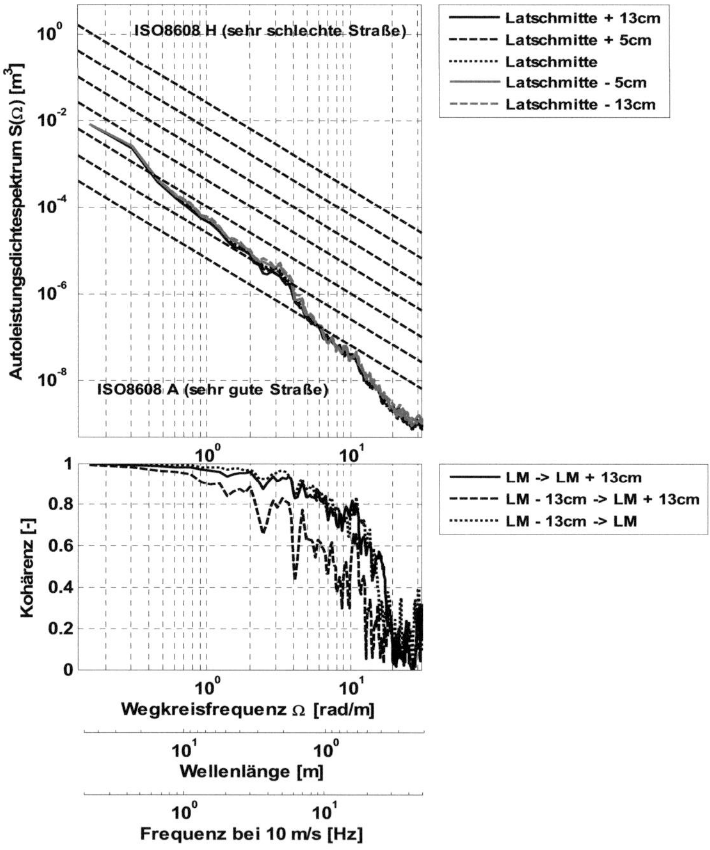

Abb.2.7: Auswertung des Frequenzgehaltes benachbarter Fahrbahnspuren

Es ist ersichtlich, dass sich die Fahrbahnspuren in Querrichtung in ihrem Frequenzgehalt unterscheiden können. Dies könnte die Identifikation/Optimierung bzw. die Validierung eines Simulationsmodells anhand von Messdaten erschweren, da im hochfrequenten Bereich mit den 2D-Laserscanner nur ein Teil der Anregung erfasst wird. Aus diesem Grund wird im Laufe der Arbeit der Einsatz neuer 3D-Laserscanner vom Typ ScanControl 2800-100 der Firma Micro-Epsilon GmbH für die zukünftige Erfassung der Fahrbahnanregung untersucht (Abb.2.8). Die technischen Daten sowie das Funktionsprinzip und die Programmierungsmöglichkeiten können aus [70],[72] entnommen werden.

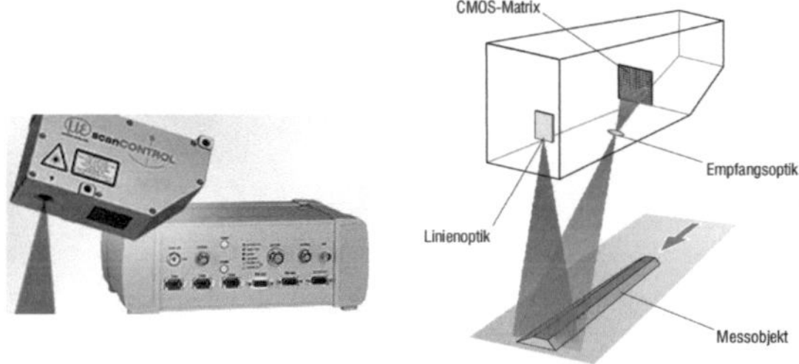

Abb.2.8: Schematische Darstellung des Laserscanners vom Typ 2800-100 [66]

Die Micro-Epsilon-Sensoren werden am hinteren Stoßfänger montiert (Abb.2.9). Dadurch lassen sich knapp 14cm von der Latschbreite mit einer Genauigkeit von 0,1mm erfassen [70].

Abb.2.9: Einbaulage und Position des Laserscanners vom Typ 2800-100

Die ersten Voruntersuchungen zeigen, dass durch die Erfassung mehrerer Fahrbahnspuren eine Optimierung des Schwingungsübertragungsverhaltens mit Hilfe eines geeigneten Simulationsmodells oberhalb von 30Hz möglich wäre.

Da sich diese 3D-Laserscanner während der Durchführung der benötigten Fahrkomfortmessungen in der Erprobungsphase befanden, beziehen sich die präsentierten Ergebnisse im Kapitel 5 auf Fahrkomfortmessungen mit den Laserscanner vom Typ LMS 291 S14 „Fast".

2.2   Erfassung des Übertragungsverhaltens der Subsysteme

Um die schwingungskomfortrelevanten Phänomene eines Fahrzeugs im tieffrequenten Schwingungsbereich bis 30Hz erfassen und analysieren zu können, müssen die Subsysteme und deren Schnittstellen definiert werden. Abb.2.10 zeigt die komfortrelevanten Subsysteme.

Abb.2.10: Definition der zu untersuchenden Fahrzeugsubsysteme

Die Schnittstelle zwischen dem Reifen und der Aufhängung ist die Radnabe. In vertikaler Richtung bilden die Federbeindome die Schnittstelle zwischen der Aufhängung und dem Aufbau. Die Fahrersitzschiene definiert die Schnittstelle zwischen dem Sitz und dem Aufbau. Die Motorlager stellen die Schnittstelle zwischen dem Antriebsstrang und dem Aufbau dar. Daraus lassen sich die folgenden Messpunkte festlegen (Abb.2.11).

Die Wahl der Messpunkte orientiert sich an den gängigen Schwingungskomfort-modellen und erleichtert somit die Interpretation der Ergebnisse anhand der Übertragungspfadanalyse aus den Messdaten.

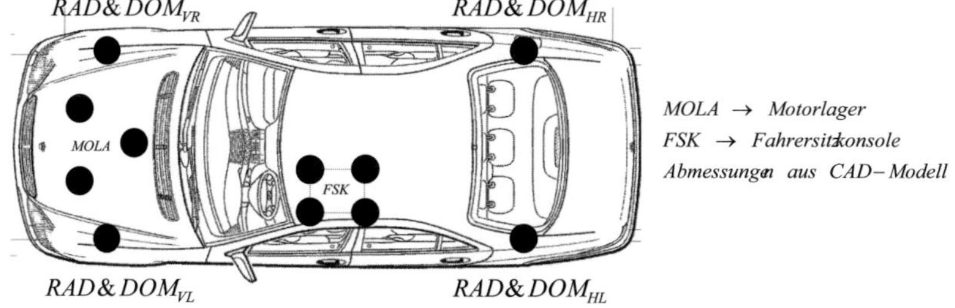

Abb.2.11: Darstellung der Messpunkte an den Schnittstellen der Subsysteme

An der Radnabe werden die Kräfte, die Momente und die Beschleunigungen gemessen. Die eingesetzten Beschleunigungssensoren sind vom Typ 354C03 der Firma PCB Piezotronics Inc. Es handelt sich um triaxial- piezoelektrische Beschleunigungssensoren mit ICP[10]-Technik. Die Form und die wichtigsten technische Daten sind in Abb.2.12 dargestellt. Ausführliche Informationen können aus [88] entnommen werden.

Sensor Typ 354C03, triaxial, ceramic shear ICP® Accelerometer	
Empfindlichkeit	(±10%) 100 mV/g (10,2 mV/(m/s²))
Messbereich	±50 g pk (±490 m/s² pk)
Auflösung	(1 to 10000 Hz) 0,0002 g rms (0,002 m/s² rms)
Frequenzbereich	(±5%) 0,5 to 2000 Hz
Stecker	1/4-28 4-Pin
Gewicht	15,5g

Abb.2. 12: Beschleunigungssensor vom Typ 354C03 der Firma PCB Piezotronics Inc.

Die Kräfte und die Momente an der Radnabe werden mit Messrädern vom Typ RoaDyn® S625 der Firma Kistler-IGeL GmbH aufgenommen. Jedes Messrad beinhaltet vier DMS[11]-Messzellen Typ 9190A, die nach der Herstellung einzeln kalibriert werden. Abb.2.13 zeigt ein Messrad im eingebauten Zustand und dessen

---

[10] ICP® - Integrated Circuit Piezoelectric

[11] DMS – Dehnungsmessstreifen

technischen Spezifikationen. Weitere Information zur Kalibrierung und die ausführliche Spezifikation können aus [55] entnommen werden.

RoaDyn® S625	
Bauart	DMS
Messbereich	Fx, Fz ±20kN Fy ±15kN Mx, My, Mz ±4kN·m
Drehwinkelgenauigkeit	~ 0.1°
Gewicht	~ 11kg ohne Reifen
Höchstdrehzahl	2300 1/min. Höchstgeschwindigkeit ~ 280 km/h
Übersprechen	Fy → Fx, Fz ≤1% Fx ↔ Fz ≤1% Fx, Fz → Fy ≤2%
Linearität	≤0.5% FSO (Full Scale Output)
Hysterese	≤0.5% FSO
Anschluss	Nahfeldtelemetrie
Schutz nach EN60529	IP64

Abb.2.13: Messfelgen vom Typ RoaDyn S625 der Firma Kistler-IGeL GmbH

Die Dom- und die Konsolenbeschleunigungen werden mit hochauflösenden, piezoelektrischen Sensoren vom Typ 356B18 der Firma PCB Piezotronics Inc. aufgenommen [89]. Die Form und die wichtigsten technischen Daten sind in Abb.2.14 dargestellt.

Sensor Typ 356B18, ceramic shear ICP® Accelerometer	
Empfindlichkeit	(±10%) 1000 mV/g (102 mV/(m/s²))
Messbereich	±5 g pk (±49 m/s² pk)
Auflösung	(1 to 10000 Hz) 0,00005 g rms (0,0005 m/s² rms)
Frequenzbereich	(±5%) 0,5 to 3000 Hz
Stecker	1/4-28 4-Pin
Gewicht	25g

Abb.2.14: Beschleunigungssensor vom Typ 356B18 der Firma PCB Piezotronics Inc.

Im tieffrequenten Bereich bis etwa 0,5Hz folgt das Fahrzeug in Vertikalrichtung der Straße. Zur Stützung der Laserscanner und zur Berechnung des Steigungsprofils wird ein MEMS[12]-Sensor vom Typ 3713D1FD3G der Firma PCB Piezotronics Inc. eingesetzt [90]. Der Sensor ist ein Feder-Masse-System, dessen Komponenten vorwiegend aus Silizium hergestellt werden. Dieser hat den Vorteil, dass er in Vertikalrichtung die Erdbeschleunigung[13] ($\sim 9{,}81\,\text{m/s}^2$) misst.

Der Sensor und seine wichtigsten Spezifikationen sind in Abb.2.15 dargestellt.

Sensor Typ 3713D1FD3G, triaxial DC Accelerometer, +5 to 30 VDC excitation	
Empfindlichkeit	($\pm$5%) 700 mV/g (71,4 mV/(m/s²))
Messbereich	$\pm$3 g pk ($\pm$29 m/s² pk)
Auflösung	(0,5 to 100Hz) 1,10 mg rms 0,011 m/s² rms
Frequenzbereich	($\pm$5%) 0 to 100Hz
Stecker	9-Pin
Gewicht	78,1g

Abb.2.15: Beschleunigungssensor vom Typ 3713D1FD3G der Firma PCB Piezotronics Inc.

Zur Berechnung des Steigungsprofils ist neben der Längsbeschleunigung des MEMS-Sensors die Ableitung der Fahrzeuggeschwindigkeit oder die Längsbeschleunigung eines Piezo-Beschleunigungssensors erforderlich:

$$\varphi = \text{acrsin}\left(\frac{\dfrac{dv_x}{dt} - a_x^{MEMS}}{g} \right) = \text{acrsin}\left(\frac{a_x^{Piezo} - a_x^{MEMS}}{g} \right) \tag{2.1}$$

Wobei φ der Steigungswinkel ist. Aus den Raddrehzahlen (ABS-Sensoren) lässt sich die Fahrgeschwindigkeit v_x berechnen. Die Konstante g ist hier die Endbeschleunigung.

---

[12] MEMS - **M**icro-**E**lectro-**M**echanical **S**ystem

[13] Die Erdbeschleunigung (auch Schwerebeschleunigung oder Fallbeschleunigung genannt) ist die Summe aus der Gravitationsbeschleunigung und der durch die Rotation der Erde hervorgerufen Zentrifugalbeschleunigung.

2.3 Versuchsfahrzeuge

Zur Erfassung der komfortrelevanten Schwingungsphänomene standen verschiedene Versuchsträger zur Verfügung. Zur Durchführung dieser Grunduntersuchungen kam die zuvor vorgestellte Messtechnik zum Einsatz. Zusätzlich wurden CAN[14]-Bus-Signale der serienmäßig im Auto verbauten Sensorik aufgezeichnet. Abb.2.16 zeigt schematisch das Messkonzept und die Positionierung der Messtechnik im Kofferraum eines Versuchsträgers. Mit Hilfe der Ipetronik-Module werden die Signale der ICP-Beschleunigungssensoren erfasst und auf CAN ausgegeben.

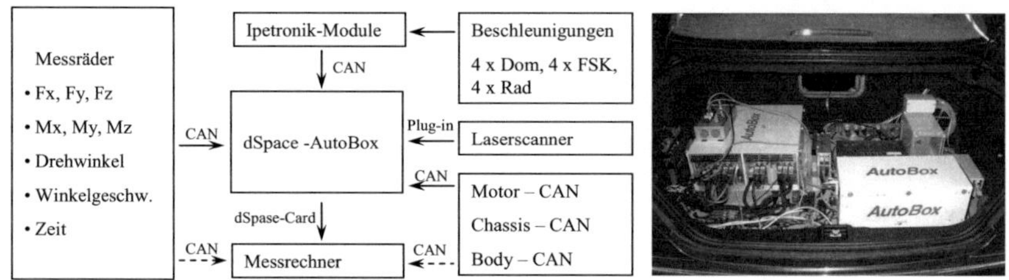

Abb.2.16: Schematische Darstellung des Messkonzepts und
Positionierung der Messtechnik im Kofferraum

Die an den Schnittstellen aufgenommenen Signale tragen dazu bei, die komfortrelevanten Schwingungsphänomene zu erfassen und zu analysieren. Die gewonnenen Erkenntnisse finden in der Modellbildung (siehe Kapitel 3) ihre Anwendung.

Sind die Voruntersuchungen abgeschlossen, lässt sich das Messkonzept deutlich vereinfachen. Zur anregungsabhängigen Charakterisierung des Schwingungsübertragungsverhaltens eines Fahrzeugs ist es ausreichend, die Straßenanregung mit den dazugehörigen Beschleunigungen an der Fahrersitzkonsole synchron aufzunehmen (siehe Kapitel 4). Zur Validierung und zur Prognose der Aufbaubeschleunigungen wird nur die Straßenanregung benötigt.

---

[14] CAN - Controller Area Network wurde von der Firma Bosch GmbH zur Vernetzung von Steuergeräte im Fahrzeug entwickelt und ist als ISO 11898 international standardisiert.

2.4 Datenaufbereitung

Um das Übertragungsverhalten der Subsysteme untersuchen zu können, müssen die aufgenommenen Messkanäle miteinander synchronisiert werden. Da die Abtastzeit der einzelnen Messsysteme unterschiedlich ist, werden zuerst alle Messkanäle unter Berücksichtigung derer Abtastung auf 0,1ms interpoliert. Diese hohe Abtastrate ermöglicht eine hochgenaue Synchronisation zwischen den Messsystemen.

Abb. 2.17 zeigt die Vorgehensweise bei der Synchronisierung der Messräder mit den Tandem-Autoboxen der Firma dSpace GmbH. Die Synchronisation zwischen dem Kistler- und dem dSpace-Messsystem muss nur ein Mal durchgeführt werden.

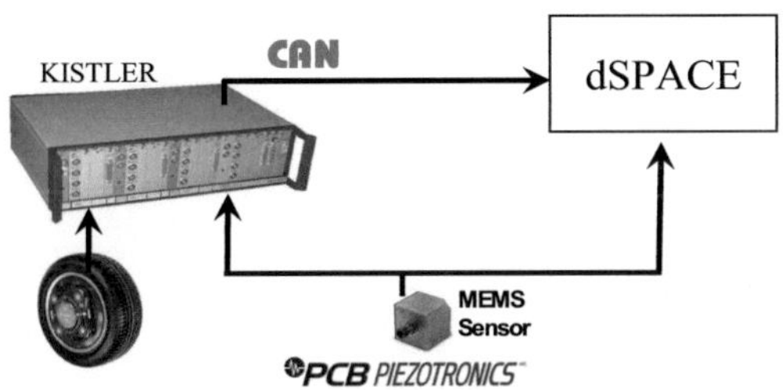

Abb.2.17: Vorgehensweise bei der Synchronisation des Messsystems von Kistler-IGeL GmbH mit der Datenerfassung von dSPACE GmbH

Untersuchungen haben gezeigt, dass die Zeitverschiebung von der Abtastung des Kistler-Messsystems abhängig ist. Die Abtastung des dSpace-Messsystems spielt dabei keine Rolle. Abb.2.18 zeigt die Berechnung der Zeitverschiebung bei einer Abtastung des Kistler-Messsystems von 2ms. Links ist ein Kanal des Beschleunigungssensors dargestellt, der gleichzeitig von beiden Messsystemen aufgenommen wurde. Rechts ist die Berechnung der Zeitverschiebung auf Basis der Kreuzkorrelationsfunktion (siehe Kapitel 3) aufgezeigt. Es ergibt sich eine Zeitverschiebung von 34,6ms.

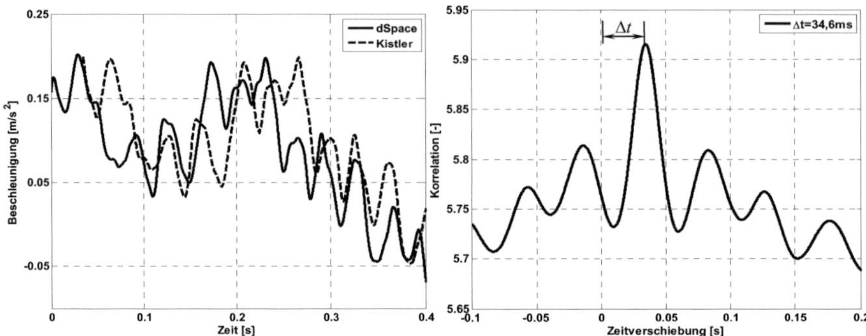

Abb.2.18: Auswertung des ermittelten Zeitverzugs mit Hilfe der Kreuzkorrelationsfunktion

Die Differenz zwischen den Abtastraten der beiden Messsysteme darf etwa den Faktor zehn nicht überschreiten, da sich Diskretisierungsfehler während der Interpolation ergeben, welche das Ergebnis der Kreuzkorrelationsberechnung negativ beeinflussen können, so dass die Reproduzierbarkeit des Synchronisationsergebnisses nicht mehr gegeben ist.

Die Synchronisation der Straßenprofile mit den gemessenen Beschleunigungen erfordert mehrere Berechnungsschritte. Die Fahrzeugmesssignale unterliegen bzgl. der Straßenprofile aus den Laserscannern einer Wegabhängigkeit. Somit ergibt sich je nach Geschwindigkeit eine unterschiedliche Zeitverschiebung.

Voruntersuchungen haben gezeigt, dass sich die Beschleunigungssignale (z.B. Rad- und Aufbaubeschleunigungen) zur Synchronisation schlecht eignen. Da entweder die Straßenprofile zwei Mal differenziert oder die Beschleunigungen zwei Mal integriert werden müssen, kommt es zum Aufrauen bzw. zur Glättung der Signale. Die beiden Vorgehensweisen führen zu keinen zufriedenstellenden Ergebnissen.

Aus diesem Grund wurden die relativen Federwege zwischen Rad und Aufbau zur Synchronisierung verwendet. Abb.2.19 zeigt schematisch die Vorgehensweise.

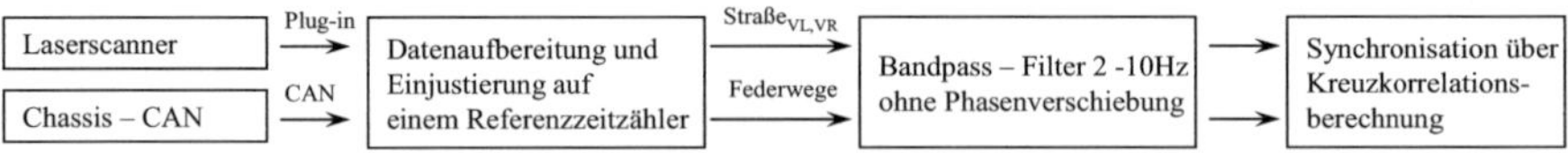

Abb.2.19: Schematische Darstellung der Synchronisation der Straßenprofile
mit Hilfe gemessener Federwegsignale

Der Zusammenhang zwischen der Straßenhöhe z_S und der Radnabenbewegung z_R nach der Bandpass-Filterung (2 bis 10Hz) lässt sich näherungsweise durch das in Abb.2.20 dargestellte Modell veranschaulichen.

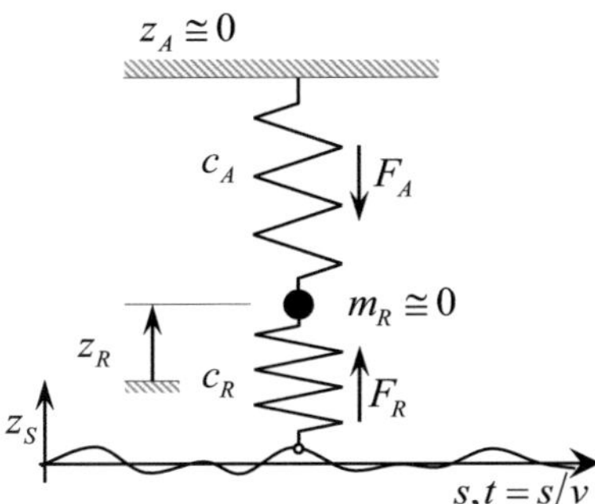

Abb.2.20: Modellvorstellung der zu berücksichtigenden
Komponente während der Synchronisation

Der Bandpass-Filter bewirkt, dass die großen Aufbaubewegungen im Bereich ihrer Resonanzfrequenz vernachlässigt werden können und somit die Aufbaubewegung z_A nahezu Null wird. Weiter ist die Wirkung der Radmasse durch die Filterung der Radeigenfrequenz minimal. Mit Hilfe des Impulsgesetzes (das zweite Newton'sche Gesetz) lässt sich folgende Beziehung zwischen der Straßenanregung z_S und der Radnabenbewegung z_R herleitet:

$$z_S \cong \frac{c_R + c_A}{c_R} \cdot z_R \tag{2.2}$$

Da die Aufbaufederkonstante c_A im Vergleich zur Reifensteifigkeit c_R um die Größenordnung zehn kleiner ist, lässt (2.2) erwarten, dass sich die Amplitude der Straßenanregung z_S von der Amplitude der Radnabenbewegung z_R zwischen 2 und 10Hz nur geringfügig unterscheiden wird. Die Phase soll dabei unverändert bleiben.

In Abb.2.21 links sind die rekonstruierte linke Fahrbahnspur und der relative Federweg vorne-links im Vergleich dargestellt. Die zwischen den beiden Signalen berechnete Kreuzkorrelationsfunktion ist rechts im Bild zu sehen. Es lässt sich eine Zeitverschiebung von 20,2ms ermitteln.

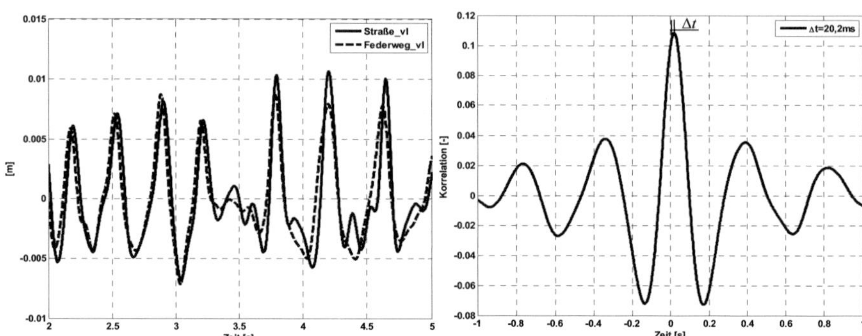

Abb.2.21: Ergebnis der Synchronisation der linken Fahrbahnspur
mit dem linken Federwegsensor

Analog der Vorgehensweise in Abb.2.21 wurde die Ermittlung der Zeitverschiebung zwischen der rechten Fahrbahnspur und des Federweges vorne-rechts durchgeführt (Abb.2.22). Die Berechnung und Analyse der Kreuzkorrelationsfunktion ergibt eine Zeitverschiebung von 30,6ms. Dies kann an einem etwas flacherem Neigungswinkel zur Straße des rechten Laserscanners im Vergleich zum linken liegen.

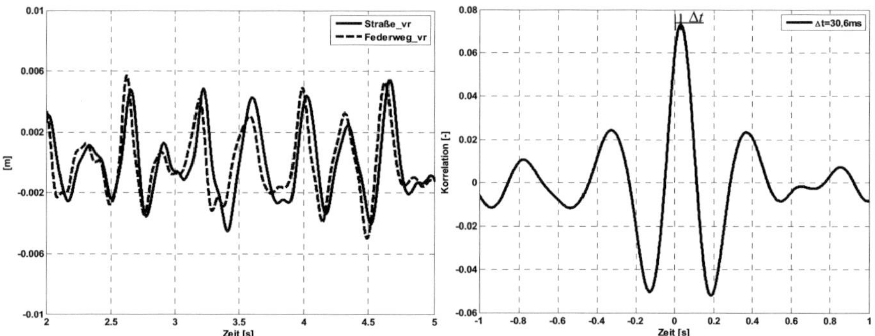

Abb.2.22: Ergebnis der Synchronisation der rechten Fahrbahnspur
mit dem rechten Federwegsensors

Die hier exemplarisch dargestellten Zeitverschiebungen wurden aus einer Fahrkomfortmessung mit 70km/h ermittelt. Da die Fahrzeuggeschwindigkeit während einer Fahrkomfortmessung schwanken kann, werden die Zeitverschiebungen alle 3s neu berechnet. Falls sich die neuen von den alten Zeitverschiebungen unterscheiden, wird eine Synchronisation durchgeführt.

Da Komfortbewertungen bzw. Komfortmessungen meistens bei einer Geradeausfahrt durchgeführt werden, lässt sich die vorgestellte Methodik zur Synchronisierung der Straße mit den im Fahrzeug aufgenommenen Messkanälen problemlos auf die Hinterachse übertragen.

Nachdem die Synchronisierung abgeschlossen ist, werden alle weiteren Berechnungen mit einer Abtastung der Messkanäle und Integrationsschrittweite von 1ms durchgeführt. Dies ist aus Effizienzgründen erforderlich, da das Datenvolumen bei einer Abtastung von 0,1ms um den Faktor zehn anwächst und die Simulation bzw. die Optimierung mit einer Integrationsschrittweite von 0,1ms erheblich länger dauert. Weiter haben Untersuchungen gezeigt, dass sich keine signifikante Verbesserung der Ergebnisse mit einer Integrationsschrittweite von 0,1ms im interessierenden Frequenzbereich erzielen lässt.

2.5   Servohydraulischer Fahrzeug-Schwingungsprüfstand (SFP)

Die Messungen auf einer Komfortstraße haben den Nachteil, dass sie unerwünschte Effekte beinhalten, die sich auf die Modellidentifikation und Optimierung negativ auswirken. So ist es beispielsweise kaum möglich, Komfortmessungen auf realen Straßen ganz ohne Lenkeingriffe durchzuführen. Um die Prozesskette der Schwingungsübertragung möglichst mit wenig Störeinflussen untersuchen zu können, wurden mehrere Fahrzeuge auf einer SFP - Anlage vermessen. Die Messtechnik ist wie in Abb.2.11 gezeigt im Fahrzeug verteilt. Eine schematische Darstellung der SFP - Anlage ist in Abb.2.23 zu sehen.

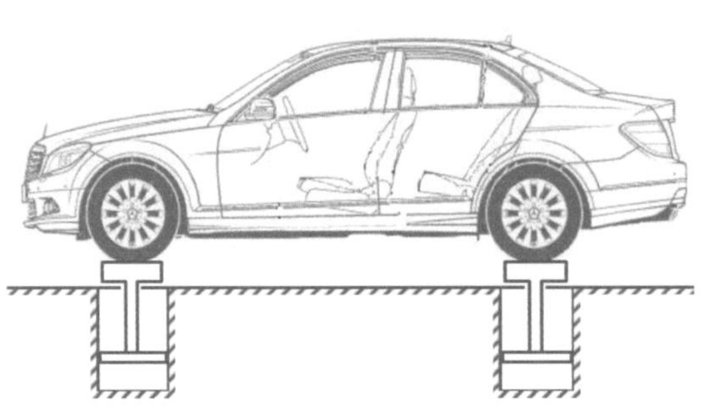

Servohydraulischer Fahrzeug-Schwingungsprüfstand (SFP)	
Anzahl Zylinder	4
Nennkraft	40kN
max. Amplitude frequenzabhängig	±125mm
Radstand	1,74 bis 3,935 m
Spurweite	1 bis 1,85 m

Abb.2.23: Schematische Darstellung der SFP-Anlage

Das Fahrzeug steht ohne externe Fixierung mit angezogener Handbremse auf den vier Hydraulikzylindern der SFP-Anlage still. Die Freiheitsgrade Huben, Nicken und Wanken können angeregt werden, wobei zur Anregung sowohl synthetische als auch real vermessene Straßen verwendet werden können.

Die Reproduzierbarkeit der Straßenprofile und der fahrzeugspezifischen Beschleunigungssignale ist sehr hoch. Durch die Anregung einzelner Räder oder einzelner Achsen lassen sich die Schwingungsübertragungspfade und die Wechselwirkungen untersuchen.

2.6 Bewertungsverfahren-Schwingungsempfinden

Mechanische Schwingungen beeinträchtigen das Wohlbefinden des Menschen. Diese Belastung wird von verschiedenen Parametern wie z.B. der Amplitude, der Frequenz, der Dauer, der Einleitungsstelle und der Richtung der einwirkenden Schwingungen bestimmt. Zusätzlich kommen die Art der Körperhaltung beim Sitzen und die individuellen Merkmale wie Körperbau, Alter, Geschlecht, Gesundheitszustand etc. hinzu. Der Stand des Wissens erlaubt nur bedingt eine Berücksichtigung der Körperhaltung und der individuellen Merkmale bei der Beurteilung des Schwingungsempfindens [106],[48]. Die Interpretation der im Kapitel 5 präsentierten Ergebnisse wird mit Hilfe der VDI2057- Richtlinie gestützt. Hierbei werden die in Abhängigkeit der Frequenz gewichteten Amplitudenspektren der simulierten mit den gemessenen Aufbaubeschleunigungen verglichen.

Die Richtlinie VDI2057 [106],[107],[108] und die internationale Norm ISO2631 [48],[49],[50] spiegeln den heutigen Wissensstand bzgl. der Bewertung mechanischer Schwingungen wider. Deren Zweck ist es, ein einheitliches Verfahren zur Beurteilung der Einwirkung mechanischer Schwingungen auf den menschlichen Körper und allgemeine Hinweise zur Berechnung der Beurteilungsgrößen anzugeben.

In Abb.2.24 ist die allgemeine Vorgehensweise bei der Beurteilung von Ganzkörper-Schwingungen anhand gemessener Beschleunigungen in einem Fahrzeug während einer Komfortfahrt dargestellt. Zur Bewertung werden Beschleunigungssignale herangezogen, die entweder direkt am Sitz und an der Lehne oder an der Fahrersitzschiene (Konsole) gemessen wurden. Welche Messdaten zum Einsatz kommen, hängt davon ab, ob der Mensch mitbewertet werden soll oder nicht.

Die mechanischen Schwingungen am Lenkrad entstehen vorwiegend durch Unkleichförmigkeiten in den Reifen/Achsen und weniger durch Fahrbahnanregung. Um das Modell nicht weiter zu verkomplizieren, werden nur die durch die Fahrbahnanregung zu Stande kommenden Schwingungsphänomenen modelliert.

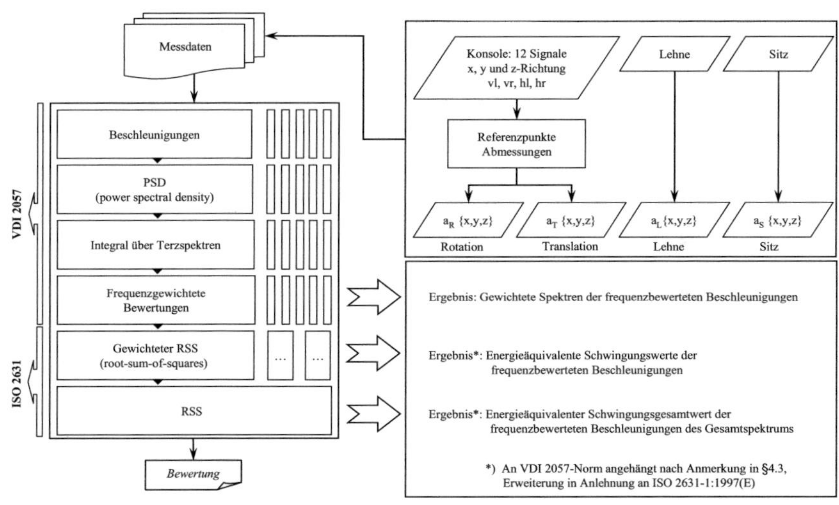

Abb.2.24: Vorgehensweise zur Beurteilung von Ganzkörperschwingungen

Die Berechnung der Autoleistungsdichtespektren (PSD) basiert auf der Autokorrelationsfunktion (siehe Kapitel 3). Der Terzfilter ist nach DIN EN 61260 standardisiert. Zur Frequenzgewichtung werden die VDI2057-Gewichtungskurven verwendet. Diese Frequenzgewichtung dient hauptsächlich dazu, das Schwingungsempfinden des Menschen insbesondere im Bereich der Eigenfrequenzen der Körperpartien wiederzugeben, da kleine Veränderungen der Anregungsamplitude in diesen Bereichen zur signifikanten Verschlechterung des Wohlbefindens führen.

Nach VDI2075 und ISO 2631 liegt die mittlere Wahrnehmungsschwelle eines Menschen für Schwingungen in vertikaler z-Richtung bei einem Effektivwert der frequenzbewerteten Beschleunigung von $a_{WZ} = 0,015 m/s^2$. Wie im Kapitel 1 bereits erläutert, wird die Wahrnehmungsschwelle zur Bewertung des im Rahmen dieser Arbeit entwickelten Systemansatzes verwendet (vgl. Kapitel 5).

Untersuchungen zur Ermittlung weiterer Wahrnehmungsschwellen z.B. für eine Belastung durch Rotationsschwingungen sind derzeit Gegenstand der Forschung.

3 Modellbildung und Simulation

Modellbildung und Simulation sind in der Fahrzeugentwicklung eng miteinander verbunden. In der Modellbildung wird ein mathematisches Modell auf Basis physikalischer Zusammenhänge hergeleitet. Abhängig von der Modelltiefe und der Simulationsumgebung kommen unterschiedliche Bilanzierungsprinzipien zum Einsatz. Aus Effizienz- und Kostengründen soll das Modell so einfach wie möglich sein, aber gleichzeitig müssen die interessierenden und wichtigen Systemeigenschaften ausreichend genau nachgebildet werden. Aus diesem Grund soll die Fragestellung präzis und eindeutig in der Konzeptphase definiert werden, denn sie bestimmt die Komplexität des physikalischen bzw. physikalisch motivierten Modells.

In der Simulation werden die in der Modellbildungsphase hergeleiteten physikalischen bzw. physikalisch motivierten Modelle in einer Simulationsumgebung abgebildet. Die meist numerische Lösung der Modellgleichungen und die anschließende Aufbereitung und Auswertung der Ergebnisse schließen die Simulationsphase ab. Moderne Simulationswerkzeuge bieten eine Vielzahl an Tools, die mit geringem Aufwand zur graphischen Darstellung und Analyse der Simulationsergebnisse herangezogen werden können.

Im Folgenden werden komfortrelevante Strecken und deren Eigenschaften vorgestellt. Diese bilden die Eingänge für das nachfolgende Fahrzeugmodell, das die Komforteigenschaften im tieffrequenten Frequenzbereich bis 30Hz nachbilden soll. Mit Hilfe des entwickelten Fahrzeugmodells werden die linearen Abhängigkeiten zwischen den Anregungen an der Vorder- und Hinterachse sowie das Schwingungs-übertragungsverhalten eines Fahrzeugs in der Simulation untersucht. Die aus dem Modell analytisch hergeleiteten Übertragungsfunktionen zwischen der Fahrbahnanregung und den Aufbaubeschleunigungen eignen sich besonders gut zur einfachen Beschreibung des Schwingungskomforts eines Fahrzeugs, da sie nur anhand der Fahrbahnanregung und der Aufbaubeschleunigungen identifiziert werden könnten. Diese analytischen Übertragungsfunktionen dienen als Referenz bei den Identifikationsuntersuchungen im nächsten Kapitel. Abschließend werden die bis 30Hz komfortrelevanten Nichtlinearitäten anhand von Prüfstandsmessdaten aufgezeigt und analysiert.

3.1 Fahrbahnanregung

Die Fahrbahnunebenheiten verursachen den Hauptanteil der Aufbauschwingungen, welche zum größten Teil durch den Sitz, die Lehne, das Lenkrad und die Karosserie (Fußraumbereich) auf den Menschen übertragen werden. So werden die Fahrbahnunebenheiten zu einem der wesentlichen Faktoren zur Beurteilung des Fahrkomforts und zur Weiterentwicklung der heutigen Fahrwerke und derer Systeme.

Eine Vielzahl von Fahrbahnvermessungen belegen, dass die Höhe der Unebenheiten als örtlich stationärer Prozess beschrieben werden kann. Wobei das Höhenprofil in guter Nährung gaußverteilt ist [22],[74]. Die vollständige Charakterisierung einer Spur ist somit durch das sogenannte *Leistungsdichtespektrum* möglich.

$$S_{xx}(\Omega) = \int\limits_{-\infty}^{+\infty} R_{xx}(\Delta s) \cdot e^{-j\Omega \Delta s} \cdot d\Delta s \qquad (3.1)$$

Wobei Ω die Wegkreisfrequenz in [1/m] und $R_{xx}(\Delta s)$ die *Korrelationsfunktion*

$$R_{xx}(\Delta s) = E\{x_s \quad x_{s+\Delta s}\} \approx \frac{1}{\sigma} \int\limits_{s}^{s+\sigma} x(s) \cdot x(s + \Delta s) \cdot ds \qquad (3.2)$$

beschreibt. Der Ausdruck $E\{\ \}$ definiert hierbei den aus der Statistik bekannten Erwartungswertoperator.

Das Höhenprofil einer Fahrspur lässt sich durch eine „unendlich" lange Reihe von Sinusfunktionen in komplexer Schreibweise wie folgt beschreiben [74].

$$x(s) = \hat{x}_i \cdot e^{j \cdot i \cdot \Omega \cdot s} \qquad (3.3)$$

Setzt man in (3.2) die nach (3.3) definierten Signale unter Berücksichtigung von $\omega \cdot t = \Omega \cdot s$, ergibt sich:

$$Rxx(\tau) = \lim_{T \to \infty} \frac{1}{\Delta T} \int\limits_{-T}^{+T} x(t) \cdot x(t + \tau) dt \qquad (3.4)$$

Dies wird als *Autokorrelationsfunktion* bezeichnet. Das *Autoleistungsdichtespektrum* $S_{xx}(f)$ erhält man durch die Fourier-Transformation[15] der Autokorrelationsfunktion:

---

[15] In der digitalen Signalverarbeitung sind die Signale abgetastet und zeitlich begrenzt. Die Transformation in den Frequenzbereich wird mit Hilfe der diskreten Fourier-Transformation realisiert.

$$S_{xx}(f) = \int_{-\infty}^{+\infty} R_{xx}(\tau)e^{-j2\pi f\tau}\,d\tau = X^*(f)\cdot X(f) \tag{3.5}$$

Hierbei stellt $X^*(f)$ die zu $X(f)$ konjugiert komplexe Fourier-Transformierte dar. Somit ist das Autoleistungsdichtespektrum immer real. Dieser Zusammenhang wird auch als Theorem von Wiener und Chintchine bezeichnet.

Analog zum Autoleistungsdichtespektrum wird das *Kreuzleistungsdichtespektrum* $S_{xy}(f)$ aus der Fourier-Transformation der *Kreuzkorrelationsfunktion* $R_{xy}(\tau)$ ermittelt:

$$S_{xy}(f) = \int_{-\infty}^{+\infty} R_{xy}(\tau)e^{-j2\pi f\tau}\,d\tau = X^*(f)\cdot Y(f) \tag{3.6}$$

Das Kreuzleistungsdichtespektrum ist gemäß Gleichung (3.6) immer komplexwertig. Ebenso lassen sich die Korrelationsfunktionen aus den inversen Fourier-Transformierten der Leistungsdichtespektren berechnen.

Zur Untersuchung linearer Abhängigkeiten zwischen zwei Signalen eignet sich die Kohärenzfunktion γ^2 hervorragend. Sie lässt sich aus dem Betragsquadrat des Kreuzleistungsdichtespektrums dividiert durch das Produkt der beteiligten Autoleistungsdichtespektren ermitteln:

$$\gamma^2(f) = \frac{\left|S_{xy}(f)\right|^2}{S_{xx}(f)\cdot S_{yy}(f)} \tag{3.7}$$

Der Wert der Kohärenzfunktion liegt zwischen null und eins und lässt sich wie folgt interpretieren:

- Liegt eine vollständige lineare Abhängigkeit zwischen dem Eingangs- und dem Ausgangssignal des Systems vor, beträgt der Wert der Kohärenzfunktion eins.

- Wird dem Ausgangssignal ein stochastischer Fehler (Rauschen) überlagert erreicht die Kohärenzfunktion Werte kleiner eins.

- Besteht ein nichtlinearer Zusammenhang zwischen dem Eingangs- und dem Ausgangssignal erzielt die Kohärenzfunktion ebenfalls Werte kleiner eins.

- Sind die Eingangs- und Ausgangssignale linear unabhängig voneinander ist die Kohärenzfunktion gleich null.[58]

Die Autoleistungsdichtespektren der meisten öffentlichen Straßen lassen sich in doppellogarithmischer Darstellung durch eine Geradengleichung gut annähern [22],[31]. Die komfortrelevanten Strecken beinhalten im tieffrequenten Bereich deutlich mehr Anregungsintensität als im hochfrequenten Bereich (vgl. Abb.3.1).

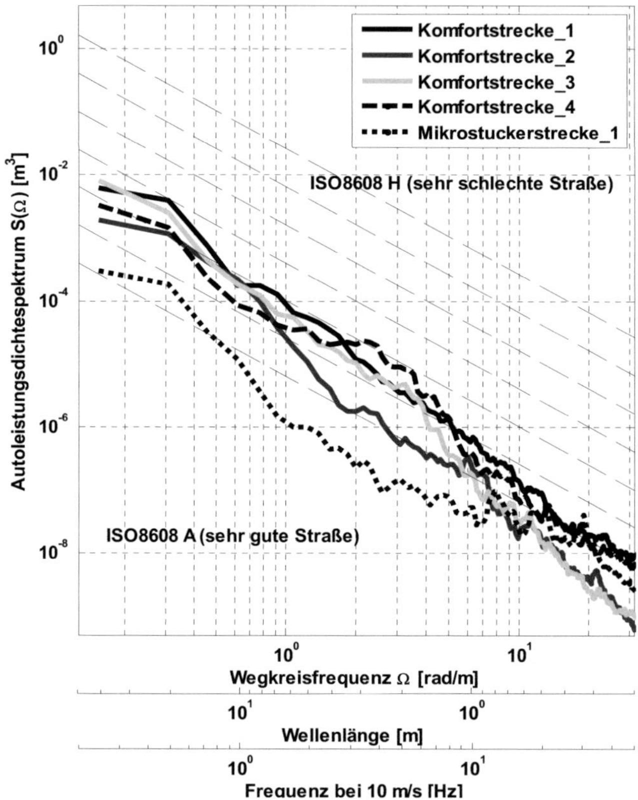

Abb.3.1: Verlauf des Autoleistungsdichtespektrums unterschiedlicher Komfortstrecken

Eine lineare Approximation ihrer Autoleistungsdichtespektren würde hier dazu führen, dass die tieffrequenten Fahrbahnanregungen, die für den Fahrkomfort eine entscheidende Rolle spielen, je nach Fahrzeuggeschwindigkeit mehr oder weniger unterschätzt werden. In der Literatur sind weitere Approximationsansätze zu finden z.B. [93],[103]. Ansätze zur Synthese von Fahrbahnunebenheiten können aus [4] entnommen werden. Der Nachteil dieser Ansätze ist, dass sich die gemessenen von den approximierten Straßen deutlich in ihrem Frequenzgehalt unterscheiden.

Aus diesem Grund kann zur Charakterisierung des Schwingungskomforts eines Fahrzeugs während einer Komfortvermessung auf die Erfassung der Fahrbahn nicht verzichtet werden.

Wie bereits erwähnt, hat das Vermessen der Fahrspuren zusätzlich den Vorteil, dass dadurch fahrzeugunabhängige Eingänge erfasst werden, die eine Einbindung in eine Simulation oder einen Vergleich weiterer Komfortmessungen sehr erleichtern.

3.2 Modellvorstellung

Wie schon erwähnt, soll ein Simulationsmodell aus Effizienzgründen einfach gehalten werden. Die charakteristischen Eigenschaften des realen Systems müssen in ausreichender Nährung abgebildet werden. Diese Eigenschaften und die abzubildenden Schwingungsphänomene werden anhand gemessener Aufbaubeschleunigungen festgelegt.

Abb.3.2 zeigt die Hub-, Nick- und Wankbeschleunigungen gemessen an der Fahrersitzschiene bei 50km/h und bei 90km/h auf der Komfortstrecke_1. Betrachtet man die obere und die untere Auswertung genauer, erkennt man Peaks (lokale Maxima), die geschwindigkeitsabhängig „wandern", und solche, die geschwindigkeitsunabhängig sind.

Die geschwindigkeitsabhängigen Peaks entstehen aufgrund der Interferenzen, die sich bei einer Geradeausfahrt aus dem konstanten Radstand l und der Geschwindigkeit v berechnen lassen. So führt das Fahrzeug bei einer Frequenz von $f_{hub} = v/l$ nur Hubbewegungen aus, die sich mit $\omega \cdot \Delta t = 0$, 2π, 4π,... wiederholen. Analog für das Nicken ist $f_{nick} = v/2 \cdot l$. Diese wiederholt sich mit. $\omega \cdot \Delta t = \pi$, 3π, 5π,...

Die geschwindigkeitsunabhängigen Peaks sind die Eigenfrequenzen des Fahrzeugs. Diese sind für die nachfolgende Modellierung entscheidend. Weiter ist erkennbar, dass sich die Geschwindigkeit von 50km/h sehr vorteilhaft auf die Hub- und Wankbeschleunigung auswirkt, da um die Radeigenfrequenz keine Anregung vorhanden ist.

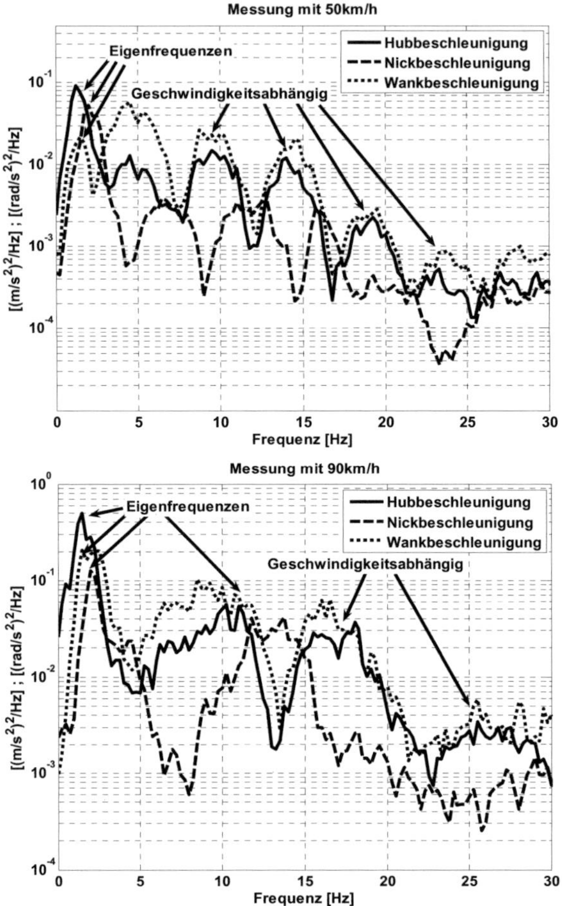

Abb.3.2: Gemessene Hub-, Nick- und Wankbeschleunigungen
an der Fahrersitzschiene des Fzg.1808

In erster Nährung wird der Aufbau als starre Platte angenommen, da sich in der Messung keine Anzeichen finden, dass die Karosserieeigenfrequenzen eine signifikante Auswirkung auf den Fahrkomfort haben. Die erste Karosserieeigenfrequenz liegt je nach Fahrzeug zwischen 25Hz und 45Hz.

Die Masse der Achsen wird auf die Rad- und Aufbaumasse verteilt, so dass die Lenker nur als massenloser Stab berücksichtigt werden. Die Radmasse wird als Massenpunkt modelliert, da aufgrund der vorwiegend vertikalen Bewegung des Rades die Kreiseleffekte vernachlässigt werden können. Die Reifendämpfung ist im Vergleich zur Aufbaudämpfung sehr gering und findet im Modell keine Berücksichtigung. Die Räder führen überwiegend Schwingungen in vertikaler Richtung aus. Weiter liegt die erste Eigenfrequenz des Reifens bei etwa 45Hz [86], so dass der Reifen nur durch eine lineare Feder dargestellt wird. Zwischen der Radkraft F_R und der Aufbaukraft F_A wird eine Übersetzung i modelliert, welche die Geometrieverhältnisse der Achse und des Federbeines wiedergibt. Die Übersetzung für die Vorderachse ist etwa so groß wie für die Hinterachse. Um eine bessere Übersichtlichkeit zu erzielen, wird die Übersetzung für Vorder- und Hinterachse gleich gesetzt. Weiter sind keine Federbeinstützlager berücksichtigt, die zwischen dem Federbein und dem Aufbau angebracht sind, da sie u.a. zur Geräuschisolation verwendet werden und das Übertragungsverhalten des Fahrzeugs unterhalb von 30Hz nicht beeinflussen. Der Stabilisator wird an der Vorder- und Hinterachse berücksichtigt, da er die Wankdynamik und somit das Komfortempfinden wesentlich beeinflusst.

Abb.3.3. zeigt die sich aus den obigen Überlegungen ergebende Modellvorstellung. Aus Übersichtlichkeitsgründen ist die Bemaßung des Stabilisators erst in Abb.3.5 dargestellt.

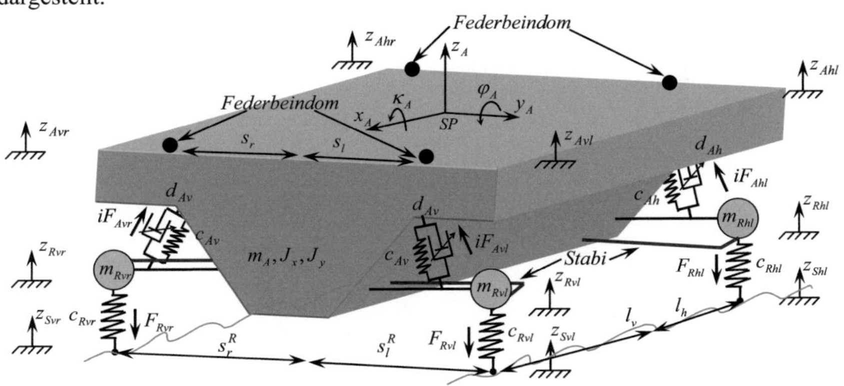

Abb.3.3: Modellvorstellung zur Simulation eines Fahrzeuges.
Das dargestellte Simulationsmodell besitzt sieben Freiheitsgrade

Das Gesamtfahrzeugmodell kann je nach Anregung Hub-, Wank- und Nickbewegungen gleichzeitig ausführen. Das Koordinatensystem wird gemäß DIN 70000 definiert [27].

3.3   Definitionen

Bevor die Bewegungsgleichungen hergeleitet werden können, ist es für eine bessere Verständlichkeit notwendig die Schnittgrößen und die Nomenklatur des Modells vorab festzulegen.

Straßenanregung

Die Unebenheitsanregungen sind in der rechten und linken Fahrspur linear unabhängig. Somit besitzt die linke Fahrspur einen anderen Frequenzgehalt und Anregungsamplitude als die rechte. Anhand der Kohärenzfunktion und des Autoleistungsdichtespektrum lässt sich dies verdeutlichen (Abb.3.4)

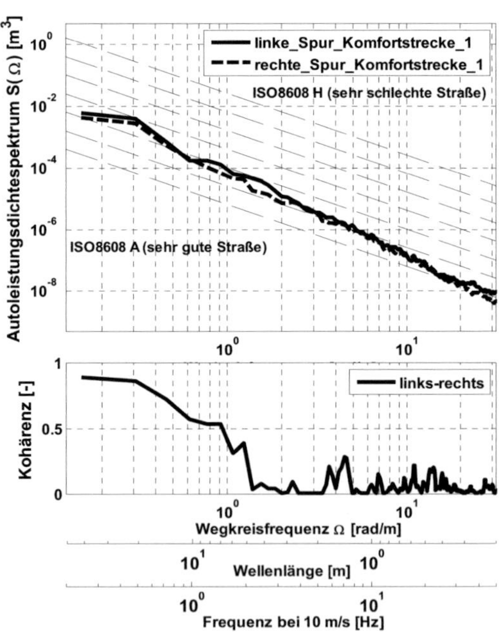

Abb.3.4: Frequenzgehalt der linken und der rechten Fahrbahnspur im Vergleich

Die Straßenanregung wirkt in vertikaler Richtung und wird durch z_{svl}, z_{svr}, z_{shl}, und z_{shr} beschrieben. Hierbei steht „ vl " für „ *vorne-links* ", „ vr " für „ *vorne-rechts* " und usw. Zwischen den Anregungen vorne und hinten gilt folgender Zusammenhang:

$$z_{shr}(t) = z_{svr}(t + T_t)$$

$$z_{shl}(t) = z_{svl}(t + T_t) \tag{3.8}$$

$$mit \quad T_t = \frac{v}{l}$$

l bezeichnet den Radstand und v die Fahrzeuggeschwindigkeit.

Räder

Die Radmassen werden mit m_{Rvl}, m_{Rvr}, m_{Rhl} und m_{Rhr} angegeben. Mit z_{Rvl}, z_{Rvr}, z_{Rhl} und z_{Rhr} wird die Vertikalkoordinate der Radnabe definiert. Die Reifenvertikalsteifigkeiten sind c_{Rvl}, c_{Rvr}, c_{Rhl} und c_{Rhr}. Die Reifensteifigkeiten sind links und rechts sowie vorne und hinten nicht identisch, da sie proportional zum Luftdruck im Reifen sind. Bei der Untersuchung von Sonderphänomenen kann es durchaus erwünscht sein Messungen bzw. Simulationen bei unterschiedlichen Luftdrücken durchzuführen.

Aufbau

Der Nickwinkel φ_A und der Wankwinkel κ_A werden gemäß DIN 70000 [27] positiv definiert, wenn sie gegen den Uhrzeigersinn um die jeweiligen Achsen drehen. Zusammen mit der z_A-Koordinate (Huben) beschreiben sie die drei Freiheitsgrade des Schwerpunktes SP. Im unter der Gewichtskraft vorbelasteten Zustand entspricht die z_A-Koordinate der Schwerpunktshöhe z_{A0}. Die dazugehörigen Massenträgheitsmomente sind J_x um die x-Achse, J_y um y-Achse und die Aufbaumasse m_A. Die Koordinaten über dem Federbeindom werden mit z_{Avl}, z_{Avr}, z_{Ahl}, und z_{Ahr} sowie deren Abstände zum Schwerpunkt in Längsrichtung l_v bzw l_h, analog in Querrichtung mit s_l bzw. s_r angegeben. Die Aufbaufedersteifigkeiten bilden c_{Av} und c_{Ah}, die Aufbaudämpfung d_{Av}, und d_{Ah}. Die Steifigkeiten und die Dämpfung links und rechts werden gleich gesetzt.

An der Stelle wird Modell nicht weiter verkompliziert. Das Modell bildet die in Abb.3.2 dargestellten Schwingungsphänomene ab und soll dazu dienen ein Systemverständnis bzgl. des Übertragungsverhaltens gekoppelter, schwingungsfähiger Systeme bei linear abhängigen Fahrbahnanregungen zu entwickeln. In der Literatur finden sich zahlreiche Veröffentlichungen zur detaillierten Modellierung des Reifens, der Achsen, des Dämpfer und des Antriebstrangs [74],[85],[66],[35].

3.4 Bewegungsgleichungen

Die Herleitung aller Differenzialgleichungen erfolgt im unter der Gewichtskraft vorbelasteten Zustand.

Analog eines aus der Literatur bekannten Viertelfahrzeugmodells [74] lässt sich der folgende Zusammenhang anhand Abb.3.3 formulieren:

$$m_{Rxx} \cdot \ddot{z}_{Rxx} + F_{Axx} + F_{Rxx} + F_{st} = 0 \quad (\textit{für die linke Seite})$$
$$m_{Rxx} \cdot \ddot{z}_{Rxx} + F_{Axx} + F_{Rxx} - F_{st} = 0 \quad (\textit{für die rechte Seite}) \tag{3.9}$$
$$xx = vl; \quad vr; \quad hl; \quad hr$$

Wobei F_{st} die Stabilisatorkraft beschreibt (vgl. Abb.3.5). Durch Einsetzen der Feder- und Dämpferkonstanten sowie den entsprechenden Indizes an der Stelle von beiden x-Zeichen erhält man nachfolgende vier Radgleichungen:

$$m_{Rvl} \cdot \ddot{z}_{Rvl} - d_{Avl} \frac{(\dot{z}_{Avl} - \frac{\dot{z}_{Rvl}}{i})}{i} - c_{Avl} \frac{(z_{Avl} - \frac{z_{Rvl}}{i})}{i} + c_{Rvl}(z_{Rvl} - z_{Svl}) + F_{st} = 0 \tag{3.10}$$

$$m_{Rvr} \cdot \ddot{z}_{Rvr} - d_{Avr} \frac{(\dot{z}_{Avr} - \frac{\dot{z}_{Rvr}}{i})}{i} - c_{Avr} \frac{(z_{Avr} - \frac{z_{Rvr}}{i})}{i} + c_{Rvr}(z_{Rvr} - z_{Svr}) - F_{st} = 0 \tag{3.11}$$

$$m_{Rhl} \cdot \ddot{z}_{Rhl} - d_{Ahl} \frac{(\dot{z}_{Ahl} - \frac{\dot{z}_{Rhl}}{i})}{i} - c_{Ahl} \frac{(z_{Ahl} - \frac{z_{Rhl}}{i})}{i} + c_{Rhl}(z_{Rhl} - z_{Shl}) + F_{st} = 0 \tag{3.12}$$

$$m_{Rhr} \cdot \ddot{z}_{Rhr} - d_{Ahr} \frac{(\dot{z}_{Ahr} - \frac{\dot{z}_{Rhr}}{i})}{i} - c_{Ahr} \frac{(z_{Ahr} - \frac{z_{Rhr}}{i})}{i} + c_{Rhr}(z_{Rhr} - z_{Shr}) - F_{st} = 0 \tag{3.13}$$

Mit der Übersetzung i wird die Radkraft auf die Aufbaukraft umgerechnet. Diese Übersetzung ergibt sich aus der Achsgeometrie und der Federbeinposition. Diese kann aus Prüfstandmessungen oder aus CAD-Modellen ermittelt werden. Um eine bessere Übersichtlichkeit bei der Herleitung der Differenzialgleichungen zu erzielen, werden die Trägheitsmomente um den Schwerpunkt definiert.

$$J_y = J_N - m_A \cdot r_N^2; \quad J_x = J_W - m_A \cdot r_W^2 \tag{3.14}$$

Den Abstand vom Schwerpunkt zum Nickpol bezeichnet r_N, analog r_W vom Schwerpunkt zur Wankachse. J_N stellt das Trägheitsmoment um den Nickpol bzw. J_W um die Wankachse dar. Die Differenzialgleichungen für den Aufbau im radfesten Koordinatensystem lauten

Huben

$$m_A \ddot{z}_A = i \cdot F_{Avl} + i \cdot F_{Avr} + i \cdot F_{Ahl} + i \cdot F_{Ahr} \tag{3.15}$$

Nicken

$$J_y \ddot{\varphi}_A = i \cdot F_{Ahl} \cdot l_h - i \cdot F_{Avl} \cdot l_v + i \cdot F_{Ahr} \cdot l_h - i \cdot F_{Avr} \cdot l_v \tag{3.16}$$

Wanken

$$J_x \ddot{\kappa}_A = i \cdot F_{Avl} \cdot s_l - i \cdot F_{Avr} \cdot s_r + i \cdot F_{Ahl} \cdot s_l - i \cdot F_{Ahr} \cdot s_r \tag{3.17}$$

Die Kraft F_{Axx} wirkt vorerst am Federbeindom

$$-i \cdot F_{Axx} = d_{Axx}(\dot{z}_{Axx} - \frac{\dot{z}_{Rxx}}{i}) + c_{Axx}(z_{Axx} - \frac{z_{Rxx}}{i}) \tag{3.18}$$

An der Stelle der zwei x-Zeichen sind die entsprechenden Indizes einzusetzen.

Die Transformation vom Domkoordinatensystem ins Schwerpunktkoordinatensystem (siehe Abb.3.3) erfolgt durch eine Starrkörpertransformation und unter der Annahme, dass die Winkel φ_A; κ_A klein sind:

$$\begin{aligned}
z_{Avl} &= z_A - l_v \cdot \varphi_A + s_l \cdot \kappa_A \\
z_{Avr} &= z_A - l_v \cdot \varphi_A - s_r \cdot \kappa_A \\
z_{Ahl} &= z_A + l_h \cdot \varphi_A + s_l \cdot \kappa_A \\
z_{Ahr} &= z_A + l_h \cdot \varphi_A - s_r \cdot \kappa_A
\end{aligned} \tag{3.19}$$

Die Differenzialgleichungen der Hub-, Nick- und Wankbeschleunigung können nun so umgeformt werden, dass die Überführung in die Zustandsraumdarstellung direkt erfolgen kann.

Das Ergebnis der Umformung für die Hubbeschleunigung ergibt sich zu:

$$\begin{aligned}
&m_A \ddot{z}_A + (2 \cdot d_{Av} + 2 \cdot d_{Ah}) \cdot \dot{z}_A + (2 \cdot c_{Av} + 2 \cdot c_{Ahl}) \cdot z_A + (-2 \cdot d_{Av} \cdot l_v + 2 \cdot d_{Ah} \cdot l_h) \cdot \dot{\varphi}_A + \\
&(-2 \cdot c_{Av} \cdot l_v + 2 \cdot c_{Ah} \cdot l_h) \cdot \varphi_A + (d_{Av} \cdot s_l - d_{Av} \cdot s_r + d_{Ah} \cdot s_l - d_{Ah} \cdot s_r) \cdot \dot{\kappa}_A + \\
&(c_{Av} \cdot s_l - c_{Av} \cdot s_r + c_{Ah} \cdot s_l - c_{Ah} \cdot s_r) \cdot \kappa_A = d_{Av} \cdot \dot{z}_{Rvl}/i + c_{Av} \cdot z_{Rvl}/i + d_{Av} \cdot \dot{z}_{Rvr}/i + \\
&c_{Av} \cdot z_{Rvr}/i + d_{Ah} \cdot \dot{z}_{Rhl}/i + c_{Ah} \cdot z_{Rhl}/i + d_{Ah} \cdot \dot{z}_{Rhr}/i + c_{Ah} \cdot z_{Rhr}/i
\end{aligned} \tag{3.20}$$

für die Nickbeschleunigung zu:

$$\begin{aligned}
&J_y \ddot{\varphi}_A + (-2 \cdot d_{Av} \cdot l_v + 2 \cdot d_{Ah} \cdot l_h) \cdot \dot{z}_A + (-2 \cdot c_{Av} \cdot l_v + 2 \cdot c_{Ah} \cdot l_h) \cdot z_A + \\
&(2 \cdot d_{Av} \cdot l_v^2 + 2 \cdot d_{Ah} \cdot l_h^2) \cdot \dot{\varphi}_A + (2 \cdot c_{Av} \cdot l_v^2 + 2 \cdot c_{Ah} \cdot l_h^2) \cdot \varphi_A + \\
&(-d_{Av} \cdot l_v \cdot s_l + d_{Av} \cdot l_v \cdot s_r + d_{Ah} \cdot l_h \cdot s_l - d_{Ah} \cdot l_h \cdot s_r) \cdot \dot{\kappa}_A + \\
&(-c_{Av} \cdot l_v \cdot s_l + c_{Av} \cdot l_v \cdot s_r + c_{Ah} \cdot l_h \cdot s_l - c_{Ah} \cdot l_h \cdot s_r) \cdot \kappa_A = \\
&-d_{Av} \cdot l_v \cdot \dot{z}_{Rvl}/i - c_{Av} \cdot l_v \cdot z_{Rvl}/i - d_{Av} \cdot l_v \cdot \dot{z}_{Rvr}/i - c_{Av} \cdot l_v \cdot z_{Rvr}/i + \\
&d_{Ah} \cdot l_h \cdot \dot{z}_{Rhl}/i + c_{Ah} \cdot l_h \cdot z_{Rhl}/i + d_{Ah} \cdot l_h \cdot \dot{z}_{Rhr}/i + c_{Ah} \cdot l_h \cdot z_{Rhr}/i
\end{aligned} \tag{3.21}$$

und für die Wankbeschleunigung zu:

$$J_x \ddot{\kappa}_A + \left(d_{Av} \cdot s_l - d_{Av} \cdot s_r + d_{Ah} \cdot s_l - d_{Ah} \cdot s_r\right) \cdot \dot{z}_A + \left(c_{Av} \cdot s_l - c_{Av} \cdot s_r + c_{Ah} \cdot s_l - c_{Ah} \cdot s_r\right) \cdot z_A +$$

$$\left(-d_{Av} \cdot l_v \cdot s_l + d_{Av} \cdot l_v \cdot s_r + d_{Ah} \cdot l_h \cdot s_l - d_{Ah} \cdot l_h \cdot s_r\right) \cdot \dot{\varphi}_A +$$

$$\left(-c_{Av} \cdot l_v \cdot s_l + c_{Av} \cdot l_v \cdot s_r + c_{Ah} \cdot l_h \cdot s_l - c_{Ah} \cdot l_h \cdot s_r\right) \cdot \varphi_A + \qquad (3.22)$$

$$\left(d_{Av} \cdot s_l^2 + d_{Av} \cdot s_r^2 + d_{Ah} \cdot s_l^2 + d_{Ah} \cdot s_r^2\right) \cdot \dot{\kappa}_A + \left(c_{Av} \cdot s_l^2 + c_{Av} \cdot s_r^2 + c_{Ah} \cdot s_l^2 + c_{Ah} \cdot s_r^2\right) \cdot \kappa_A =$$

$$d_{Av} \cdot s_l \cdot \dot{z}_{Rvl}/i + c_{Av} \cdot s_l \cdot z_{Rvl}/i - d_{Av} \cdot s_r \cdot \dot{z}_{Rvr}/i - c_{Av} \cdot s_r \cdot z_{Rvr}/i + d_{Ah} \cdot s_l \cdot \dot{z}_{Rhl}/i +$$

$$c_{Ah} \cdot s_l \cdot z_{Rhl}/i - d_{Ah} \cdot s_r \cdot \dot{z}_{Rhr}/i - c_{Ah} \cdot s_r \cdot z_{Rhr}/i$$

Der Stabilisator wirkt nur dann, wenn die relativen Federwege zwischen dem Rad und dem Aufbau der linken Δz_l und der rechten Seite Δz_r unterschiedlich sind. Meist ist er in Form eines Torsionsstabes angefertigt (Abb.3.5).

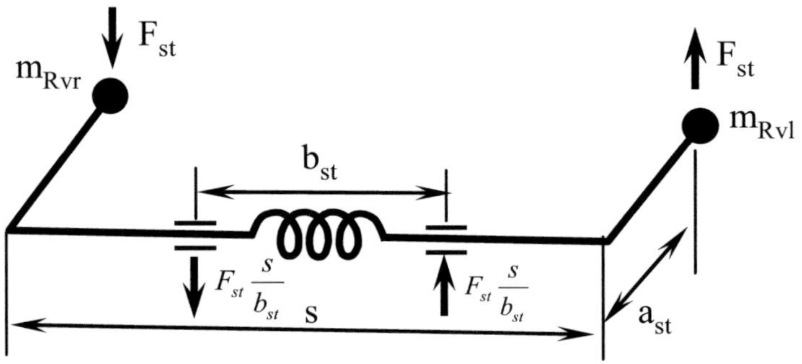

Abb.3.5: Schematische Darstellung des Stabilisators

Das im Aufbau abzustützende Moment M_{Ast} ist nach Abb.3.5

$$M_{Ast} = F_{st} \cdot \frac{s}{b_{st}} b_{st} = F_{st} \cdot s \qquad (3.23)$$

Die Kraft F_{st} an den Rädern erzeugt im Stabilisator für kleine Torosionswinkel das Moment

$$M_{Rst} = c_{st} \frac{\Delta z_l - \Delta z_r}{a_{st}} = F_{st} \cdot a_{st} \qquad (3.24)$$

Die Einführung unterschiedlicher Stabilisatorsteifigkeiten für die Vorder- c_{stv} und die Hinterachse c_{sth} bzw. a_{stv} und a_{sth} sowie eine kurze Umformung führen zu:

$$F_{Rst} = \pm\left[\frac{c_{stv}}{a_{stv}^2} \cdot \left(z_{Avl} - z_{Rvl} - z_{Avr} + z_{Rvr}\right) + \frac{c_{sth}}{a_{sth}^2} \cdot \left(z_{Ahl} - z_{Rhl} - z_{Ahr} + z_{Rhr}\right)\right] \qquad (3.25)$$

Für den Aufbau gilt analog:

$$M_{Ast} = \frac{c_{stv}}{a_{stv}^2}\, s \cdot \left(z_{Avl} - z_{Rvl} - z_{Avr} + z_{Rvr}\right) + \frac{c_{sth}}{a_{sth}^2}\, s \cdot \left(z_{Ahl} - z_{Rhl} - z_{Ahr} + z_{Rhr}\right) \qquad (3.26)$$

Die Stabilisatorkräfte am Rad bilden Kräftepaare. Das so entstehende Moment wird am Aufbau abgestützt. Bei der Einbindung in die Radgleichungen bzw. in die Wankgleichung muss das Vorzeichen entsprechend der als positiv gewählten Drehrichtung des Koordinatensystems angepasst werden.

In Abb.3.6 ist die Wirkung des Stabilisators anhand der Übertragungsfunktion zwischen der Wankbeschleunigung $\ddot{k}_A$ und der Anregung $\left(z_{Svl} - z_{Svr}\right)$ dargestellt. Der Phasensprung um $+180°$ ergibt sich durch das zweifache Ableiten des Zählers der Übertragungsfunktion. Deutlich zu sehen ist die Erhöhung der Wankeigenfrequenz durch die Addition der Aufbaufeder- mit der Stabilisatorsteifigkeit. Die Stabilisatorsteifigkeit ist im Vergleich zur Reifensteifigkeit sehr klein, so dass die Auswirkungen auf die Radeigenfrequenz zu vernachlässigen sind.

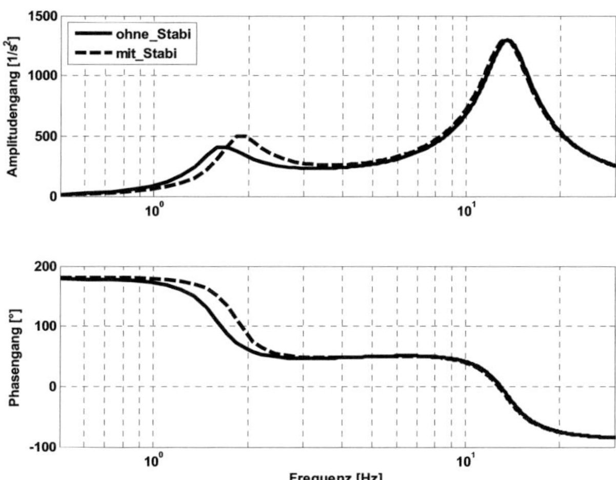

Abb.3.6: Auswirkung des Stabilisators anhand der Übertragungsfunktion zwischen der Wankbeschleunigung $\ddot{k}_A$ und der Wankanregung $\left(z_{Svl} - z_{Svr}\right)$. Hier sind z_{Svl} und z_{Svr} die Fahrbahnhöhe der linken bzw. der rechten Fahrbahnspur (siehe Abb.3.3)

Die Zustandsraumdarstellung ist aus der Literatur bekannt [63]. Da es sich hier um ein Mehrgrößensystem handelt, sind A, B, C und D Matrizen und heißen der Reihe nach *Systemmatrix*, *Steuermatrix*, *Beobachtungsmatrix* und *Durchgangsmatrix*. $x(t)$ bezeichnet den *Zustandsvektor*, $u(t)$ den *Eingangsvektor* bzw. $y(t)$ den Ausgangsvektor:

$$\dot{x}(t) = A \cdot x(t) + B \cdot u(t)$$
$$y(t) = C \cdot x(t) + D \cdot u(t) \tag{3.27}$$

Der Zustandsvektor wird wie folgt festgelegt:

$$x(t) = \begin{bmatrix} \dot{z}_A & z_A & \dot{\varphi}_A & \varphi_A & \dot{\kappa}_A & \kappa_A & \dot{z}_{Rvl} & z_{Rvl} & \dot{z}_{Rvr} & z_{Rvr} & \dot{z}_{Rhl} & z_{Rhl} & \dot{z}_{Rhr} & z_{Rhr} \end{bmatrix}^T \tag{3.28}$$

Der Eingangsvektor beinhaltet die vier Fahrbahnanregungen:

$$u(t) = \begin{bmatrix} z_{svl} & z_{svr} & z_{shl} & z_{shr} \end{bmatrix}^T \tag{3.29}$$

Als Ausgangsvektor wurden die Hub-, Nick-, und Wankbeschleunigungen gewählt:

$$y(t) = \begin{bmatrix} \ddot{z}_A & \ddot{\varphi}_A & \ddot{\kappa}_A \end{bmatrix}^T \tag{3.30}$$

Nach der Berechnung der vier Matrizen kann die analytische Herleitung der Übertragungsfunktionen durch die Transformation der Zustands- und Ausgabegleichung in den Frequenzbereich (Laplace-Transformation) erfolgen.

$$sX(s) = AX(s) + BU(s) \tag{3.31}$$

Durch Umformung nach $X(s)$ resultiert:

$$X(s) = (s \cdot I - A)^{-1} \cdot B \cdot U(s) \tag{3.32}$$

Die Existenz der inversen Matrix $(s \cdot I - A)^{-1}$ wird hier vorausgesetzt.

Aus der Ausgabegleichung folgt:

$$Y(s) = C \cdot X(s) + D \cdot U(s) \tag{3.33}$$

und nach Einsetzen von (3.31) in (3.32):

$$Y(s) = \left(C \cdot (s \cdot I - A)^{-1} \cdot B + D \right) \cdot U(s) \tag{3.34}$$

Daraus ergibt sich die Übertragungsfunktion als Quotient der Laplacetransformierten der Ausgangsgröße und der Eingangsgröße des Systems.

$$G_{i,j}(s) = \frac{Y_i(s)}{U_j(s)} = C \cdot (s \cdot I - A)^{-1} \cdot B + D \tag{3.35}$$

Die Übertragungsfunktionsmatrix besteht aus vier Spalten und drei Zeilen. Das Übertragungsverhalten hängt nur von den inneren Parametern des Systems ab.

$$\begin{bmatrix} \ddot{z}_A \\ \ddot{\varphi}_A \\ \ddot{\kappa}_A \end{bmatrix} = \begin{bmatrix} G_{11_{HUB}} & G_{12_{HUB}} & G_{13_{HUB}} & G_{14_{HUB}} \\ G_{21_{NICK}} & G_{22_{NICK}} & G_{23_{NICK}} & G_{24_{NICK}} \\ G_{31_{WANK}} & G_{32_{WANK}} & G_{33_{WANK}} & G_{34_{WANK}} \end{bmatrix} \cdot \begin{bmatrix} z_{svl} & z_{svr} & z_{shl} & z_{shr} \end{bmatrix}^T \tag{3.36}$$

Um den Verlauf der Amplitudengänge und der Phasengänge der einzelnen Übertragungsfunktionen vereinfacht veranschaulichen zu können, wurde das Gesamtfahrzeugmodell symmetrisch parametriert. Somit sind die vier Hubübertragungsfunktionen untereinander identisch. Analog gilt dies für die Nick- und Wankübertragungsfunktionen. Abb.3.7 zeigt die Amplituden- und Phasengänge der Hub-, Nick-, und Wankübertragungsfunktionen.

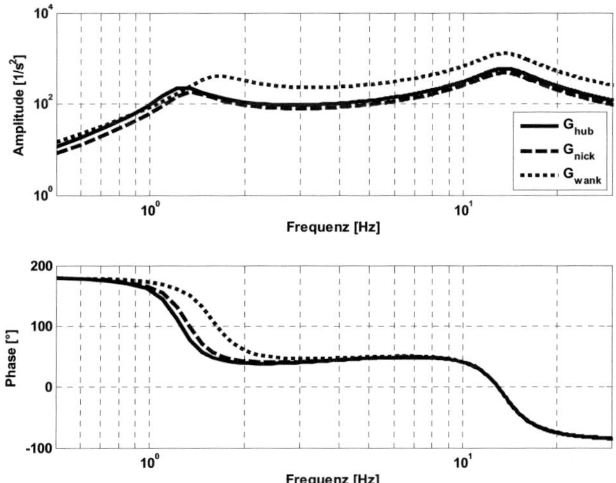

Abb.3.7: Amplituden- und Phasengänge der Hub-, Nick-, und Wankübertragungsfunktionen.

Die Übertragungsfunktionen haben die Form:

$$G_{i,j}(s) = \frac{Y_i(s)}{U_j(s)} = \frac{b_{13}s^{13} + b_{12}s^{12} + \ldots + b_1 s + b_0}{a_{14}s^{14} + a_{13}s^{13} + \ldots + a_1 s + a_0} \tag{3.37}$$

Diese analytischen Übertragungsfunktionen dienen als Input für das nachfolgende Kapitel 4.

3.5   Analyse der komfortrelevanten Nichtlinearitäten im Fahrzeug

Es stellt sich hier die Frage, inwieweit sich der Fahrkomfort mit linearen Übertragungsfunktionen im interessierenden Frequenzbereich beschreiben lässt.

In Abb.3.8 sind die Autoleistungsdichtespektren der gemessenen Hubanregung bzw. Hubbeschleunigung auf einer SFP Anlage (siehe Kapitel 2) und die Kohärenz dazwischen dargestellt. Die Hubanregung wird aus den vier Ist-Stempelwegen berechnet (siehe Kapitel 4). Beim vermessenen Fahrzeug handelt es sich um einen Mercedes mit der internen Bezeichnung 1808. Das Fahrzeug besitzt eine Stahlfeder und einen Stoßdämpfer mit nichtlinearer Dämpferkennlinie.

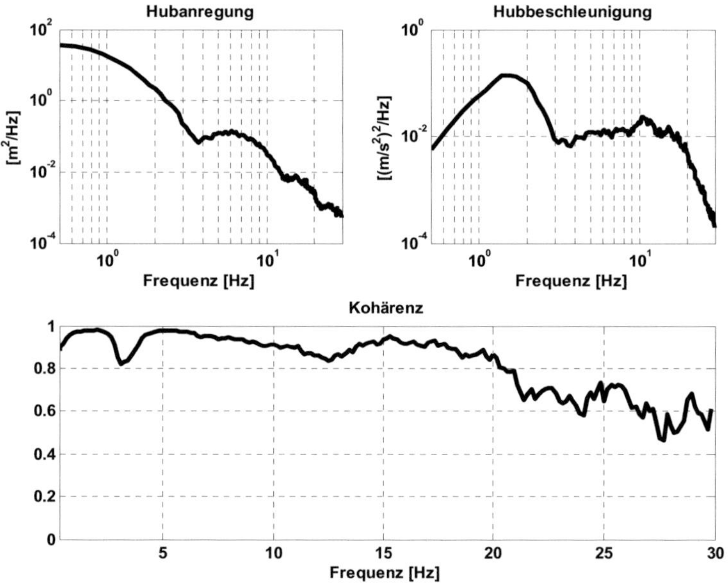

Abb.3.8: Autoleistungsdichtespektren gemessener Hubanregung
bzw. Hubbeschleunigung auf einer SFP Anlage und derer Kohärenz

Die Nickanregung bzw. die Wankanregung werden ebenfalls aus den vier Ist-Stempelwegen berechnet (siehe Kapitel 4). Die Nick- sowie die Wankbeschleunigung ergeben sich jeweils aus zwei Vertikalbeschleunigungssensoren an der

Fahrersitzschiene und dem entsprechenden Abstand dazwischen. Es ergibt sich keine Verschlechterung der Kohärenz zwischen der Nickanregung und der Nickbeschleunigung bzw. der Wankanregung und der Wankbeschleunigung gegenüber dem Kohärenzverlauf zwischen der Hubanregung und der Hubbeschleunigung. Somit kann die Fahrersitzschiene im interessierenden Frequenzbereich als starr angenommen werden.

Anhand von Abb.3.8 lässt sich deutlich am Kohärenzverlauf erkennen, dass das Fahrzeug erst oberhalb der Radeigenfrequenz ($\approx 11{,}5$Hz) ein nichtlineares Übertragungsverhalten aufweist. Ein nichtlineares Verhalten kann durch Signalrauschen, Messfehler, Nichtlinearitäten in den Fahrwerkskomponenten etc. hervorgerufen werden und ist hier somit allgemein zu verstehen. Es stellt sich die Frage, warum sich die Nichtlinearitäten unterhalb der Radeigenfrequenz nicht bemerkbar machen (vgl. Abb.3.8). Dieser Frage wird mit Hilfe der Simulation nachgegangen. Ein Viertelfahrzeugmodell wird zur Untersuchung der nichtlinearen Effekte herangezogen. Das Viertelfahrzeugmodell soll komplex aufgebaut werden, so dass die realen Nichtlinearitäten möglichst realitätsgetreu abgebildet werden können (Abb.3.9).

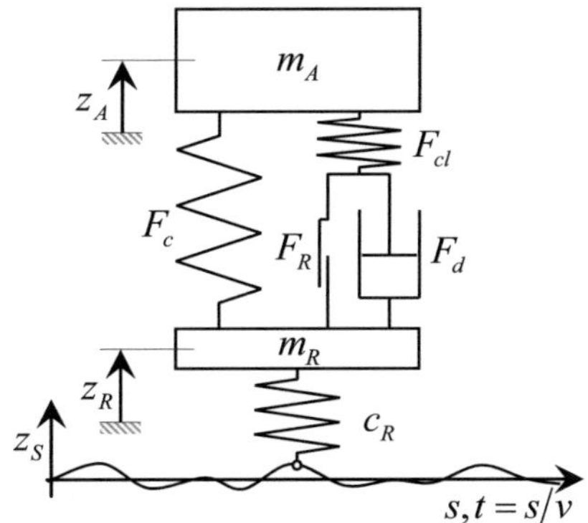

Abb.3.9: Modellvorstellung zur Untersuchung der komfortrelevanten Nichtlinearitäten des Fahrzeugs

Das Viertelfahrzeugmodell beinhaltet somit eine nichtlineare Aufbaufeder, einen nichtlinearen Dämpfer incl. Dämpferreibung, Dämpfungsspiel und Dämpfermasse sowie ein nichtlineares Kopflager. Die Reifensteifigkeit wird als linear angenommen, da die erste Reifeneigenfrequenz zwischen 40 und 50 Hz liegt [86].

In Abb.3.10 ist das Ergebnis der Simulation dargestellt. Die Auswertungsmethodik wurde nicht verändert. Das Viertelfahrzeugmodell wurde mit der Komfortstrecke_1 (siehe Abb.3.1) angeregt.

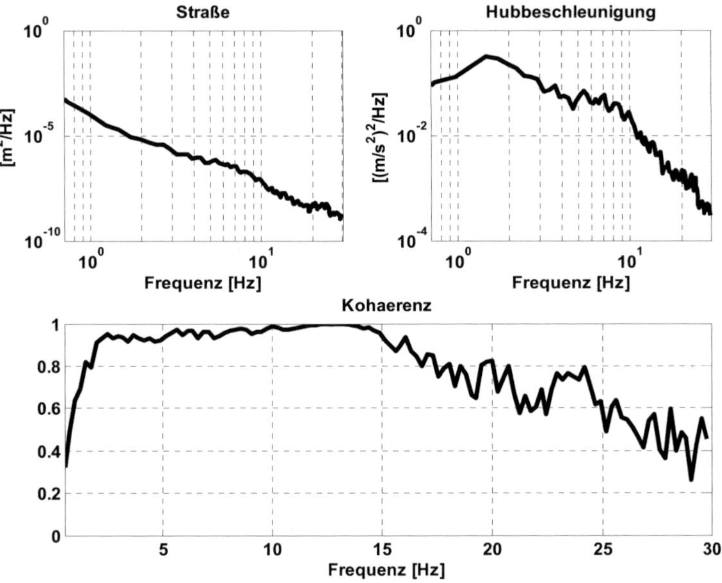

Abb.3.10: Autoleistungsdichtespektren der Hubanregung bzw. der simulierten Hubbeschleunigung und deren Kohärenz

Wie aus Abb.3.10 ersichtlich ähnelt der Kohärenzverlauf zwischen der Fahrbahnanregung und der simulierten Hubbeschleunigung stark dem des vermessenen Fahrzeugs (Abb.3.8). Dies deutet darauf hin, dass die im Modell beinhalteten Nichtlinearitäten für dieses Phänomen verantwortlich sind. Jetzt werden die im komplexen Viertelfahrzeugmodell enthaltenen Nichtlinearitäten Schritt für Schritt linearisiert und somit die für den Kohärenzeinbruch verantwortliche Komponenten ermittelt.

Abb.3.11 zeigt den Kohärenzverlauf zwischen der Fahrbahnanregung und der Hubbeschleunigung des bis auf die Dämpferkennlinie linearisierten Viertelfahrzeugmodells. Die aus der Aufbaufederkennlinie linearisierte Aufbaufedersteifigkeit wurde um den Faktor zwei verkleinert, um den Dämpferarbeitsbereich zu variieren. Vergleicht man die Autoleistungsdichtespektren der Hubbeschleunigung in Abb.3.10 und in Abb.3.11, kann festgehalten werden, dass die Kohärenzverlaufe trotz der unterschiedlichen Arbeitsbereiche des Dämpfers sehr ähnlich sind.

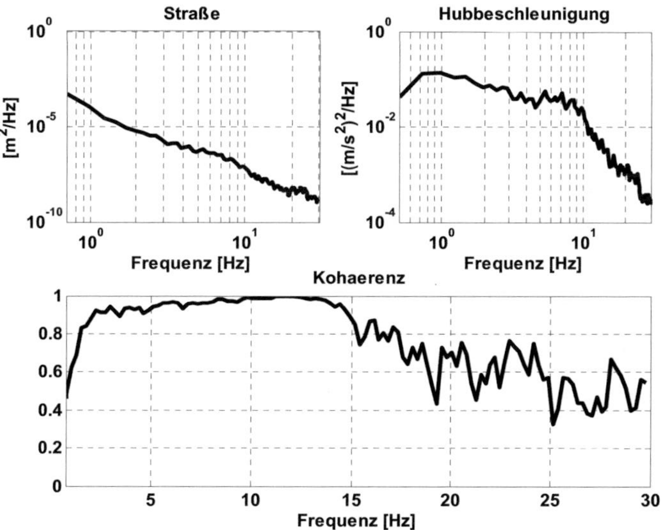

Abb.3.11: Autoleistungsdichtespektren der Hubanregung bzw. der mit linearisierter Federsteifigkeit und nichtlinearer Dämpferkennlinie simulierten Hubbeschleunigung und deren Kohärenz

Somit ist für den Kohärenzeinbruch ausschließlich der nichtlineare Dämpfer verantwortlich. Die Dämpferkennlinie wird daher im Folgenden näher untersucht.

Als erstes wird die reine Dämpferkennlinie mit Hilfe von periodischen und stochastischen Eingangssignalen analysiert. Wie Abb.3.12 verdeutlicht, wird als Anregung entweder die erste Ableitung einer vermessenen Straße oder ein Sinus-Sweep mit Frequenzen von 0,3-50 Hz und einer Amplitude von $\pm 1m/s$ verwendet. Die untersuchte Dämpferkennlinie ist unten in Abb. 3.12 dargestellt.

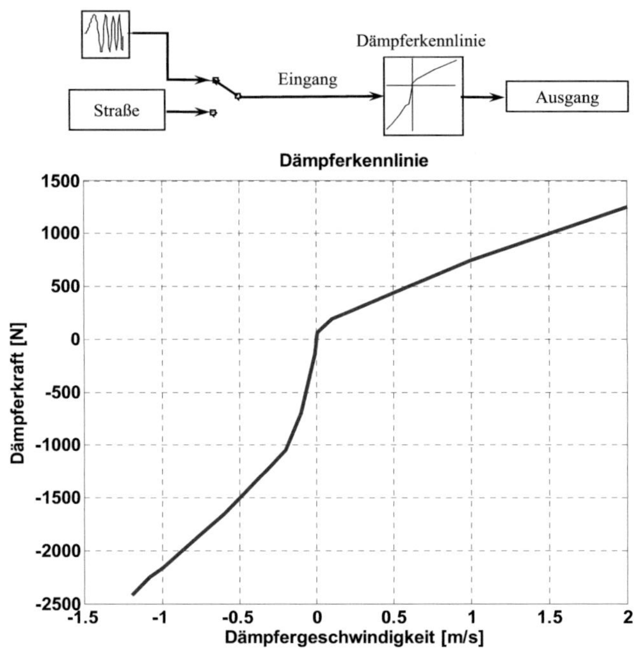

Abb.3.12: Dämpferkennlinie und Vorgehensweise zur deren Untersuchung

In Abb.3.13 ist der zeitliche Verlauf der abgeleiteten Straße dargestellt. Es ist deutlich zu sehen, dass die Anregungsamplituden im Bereich von $\pm 0{,}5 m/s$ liegen.

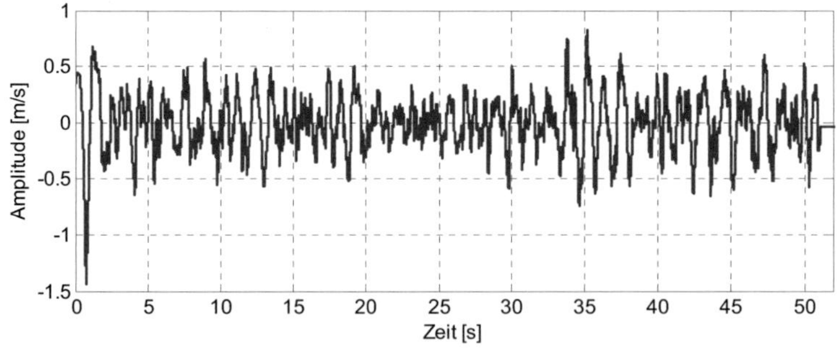

Abb.3.13: Zeitverlauf der stochastischen Dämpferanregung.
Mittlere Ableitung der Komfortstrecke_1

Wie aus Abb.3.14 erkenntlich bleibt der Kohärenzverlauf bei der Sinus-Sweep Anregung nahezu konstant um den Wert eins. Im Gegensatz hierzu verschlechtert sich der Kohärenzverlauf bei einer stochastischen Straßenanregung.

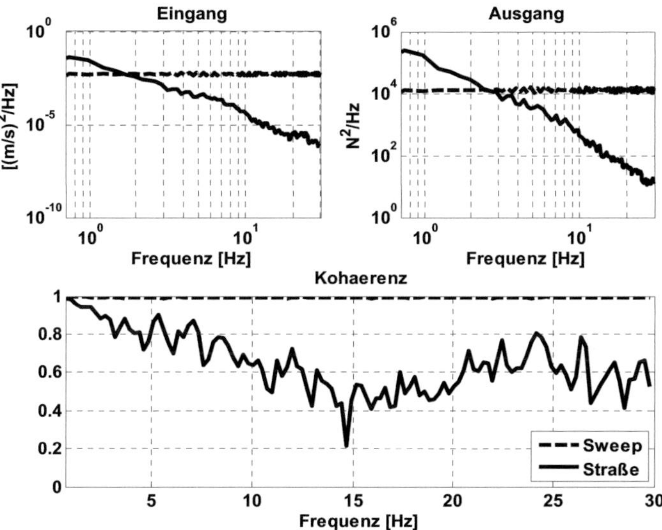

Abb.3.14: Ergebnis der Untersuchung der Dämpferkennlinie
mit Hilfe unterschiedlicher Anregungen

Bei konstanten Amplituden über allen Frequenzen, wie es beim Sinus-Sweep der Fall ist, bleibt der Arbeitsbereich auf der Dämpferkennlinie ebenfalls konstant. Nehmen die Amplituden mit zunehmender Frequenz ab, kommt es zu einer Verschiebung des Arbeitsbereiches auf der Dämpferkennlinie. Mit immer kleiner werdenden Amplituden nähert er sich dem Ursprung auf der Dämpferkennlinie. Die Kohärenz verschlechtert sich nicht mehr, da um den Nullpunkt eine sehr gute lineare Approximation des Dämpfers möglich ist.

Denkt man zurück an Abb.3.8, stellt man fest, dass sich die Kohärenz erst nach der Radeigenfrequenz verschlechtert, während diese bei der Analyse der reinen Dämpferkennlinie im Bereich unterhalb der Radeigenfrequenz abfällt (abb.3.13). Dies deutet auf einen Einfluss des Achsübertragungsverhaltens auf die Dämpferanregung (Dämpfergeschwindigkeit) hin.

Abb.3.15 veranschaulicht den Einfluss der Reifenübertragungsfunktion auf die Dämpfergeschwindigkeit. In Abb.3.15c) ist das Autoleistungsdichtespektrum der Dämpfergeschwindigkeit $[(m/s)^2/Hz]$ als Faltungsprodukt der Anregung $[m^2/Hz]$ 3.15a) (Komfortstrecke_1) und des Amplitudengangs zwischen der Anregung und der Dämpfergeschwindigkeit 3.15b) dargestellt.

Die Abnahme der Amplitude der Anregung 3.15a) bis zur Radeigenfrequenz ist vergleichbar mit der Steigung des Amplitudenganges der Übertragungsfunktion 3.15b). Dies führt dazu, dass die Dämpfergeschwindigkeit zwischen 0,5 und 11Hz ähnliche Amplituden aufweist. Somit lässt sich der Dämpfer abhängig von der Anregung um einen mittleren Arbeitsbereich gut approximieren.

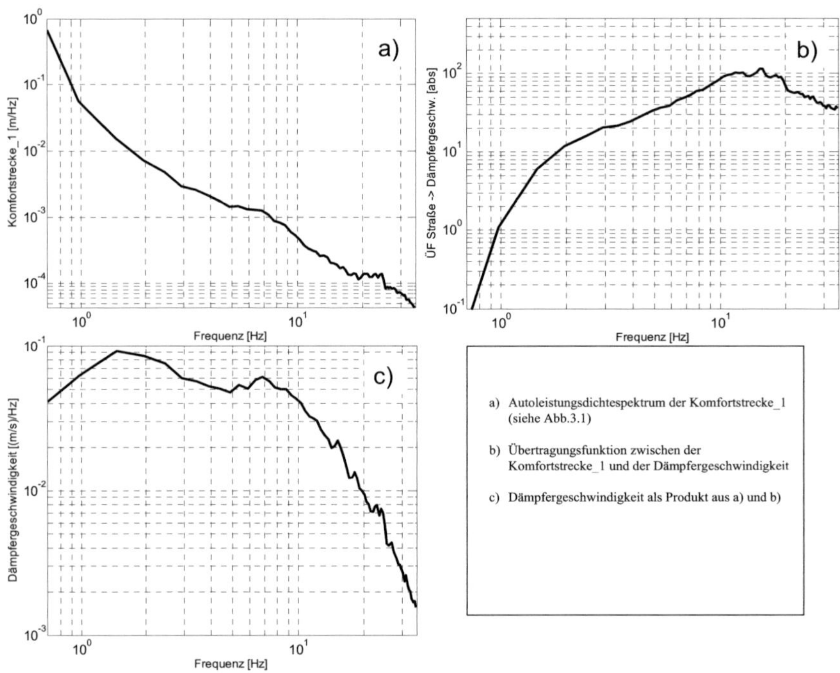

Abb.3.15: Charakterisierung der Nichtlinearitäten der Dämpferkennlinie und deren Entstehung

Wie schon gezeigt (Abb.3.1), ist die Welligkeit (die negative Steigung der Autoleistungsdichtespektren) unterschiedlicher Komfortstrecken vergleichbar. Aufgrund der Reproduzierbarkeit werden Komfortuntersuchungen mit gleichen Reifen durchgeführt, somit bleibt der Amplitudengang des gesamten Fahrwerks ebenfalls konstant.

Um die Approximation der Dämpferkonstante aufzuzeigen, wird das Viertelfahrzeugmodell mit der nichtlinearen Dämpferkennlinie mit der Komfortstrecke_1 angeregt. In Abb.3.16 ist die auf Basis Eingang [Dämpfergeschwindigkeit] zu Ausgang [Dämpferkraft] ermittelte „Übertragungsfunktion" dargestellt. Diese stellt den Verlauf des mittleren Gradienten der Dämpferkennlinie beim gegebenen Amplitudenverlauf der Anregung im Frequenzbereich dar.

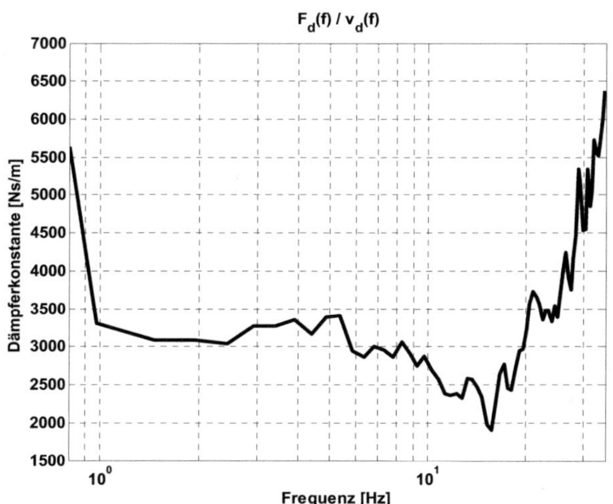

Abb.3.16: Untersuchung der Dämpferkennlinie im Frequenzbereich
(Anregung ist die erste Ableitung der Komfortstrecke_1)

Aus Abb.3.16 lässt sich näherungsweise eine Dämpferkonstante bis zur Radeigenfrequenz von 3100 Ns/m entnehmen. Mit der so abgeschätzten Dämpferkonstante wurde eine zweite Simulation durchgeführt und anschließend wurden die Aufbaubeschleunigungen im Zeit- und im Frequenzbereich miteinander verglichen. Abb.3.17 zeigt das Ergebnis. Die Übereinstimmung der beiden Beschleunigungen ist recht gut.

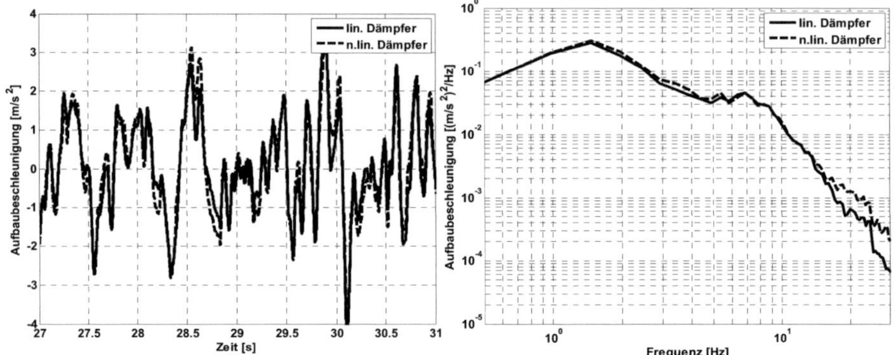

Abb.3.17: Vergleich der Simulation mit nichtlinearer und linearer Dämpferkennlinie
(Anregung ist die erste Ableitung der Komfortstrecke_1)

Es wurde eine weitere Simulation mit der Komfortstrecke_2 als Anregung durchgeführt. In Abb.3.18 ist der Verlauf des mittleren Gradienten der Dämpferkennlinie im Frequenzbereich dargestellt. In diesem Fall lässt sich die Dämpferkonstante mit einem Wert von 4400 Ns/m annähern. Nimmt die Anregungsintensität ab, so stellt sich ein anderer, näher am Ursprung der Dämpferkennlinie liegender Dämpfer-Arbeitsbereich ein. Daraus lässt sich folgern, dass mit abnehmender Anregungsintensität und somit abnehmender Anregungsamplitude der Dämpfer zunehmend verhärtet. Die Verhärtung lässt sich durch die zunehmenden Steigungen der Approximationstangende am Arbeitsbereich der Dämpferkennlinie erklären.

An der Achseigenfrequenz knickt der Verlauf der Dämpferkonstante zuerst ein. Dies lässt sich mit dem Verlauf des Amplitudenganges der Übertragungsfunktion zwischen der Anregung und der Dämpfergeschwindigkeit erklären. Um die Achseigenfrequenz ergeben sich große Dämpfergeschwindigkeiten, die unter Berücksichtigung des Abflachens der Dämpferkennlinie (siehe Abb.3.12) bei großen Dämpfergeschwindigkeiten zu einer „Weichstellung" des Dämpfers führen.

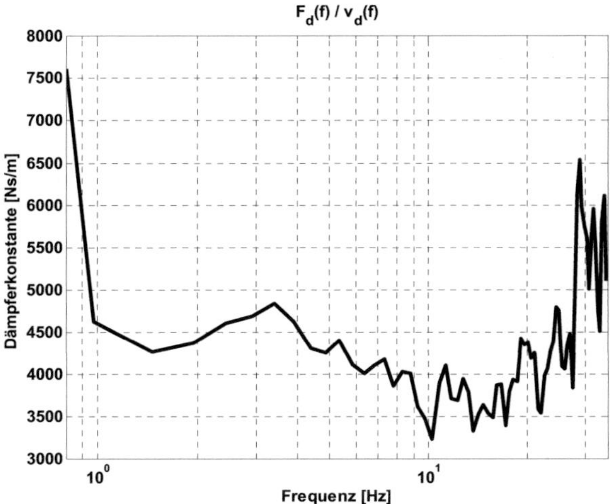

Abb.3.18: Untersuchung der Dämpferkennlinie im Frequenzbereich
(Anregung ist die erste Ableitung der Komfortstrecke_2)

Analog der Vorgehensweise aus Abb.3.17 wurden die Aufbaubeschleunigungen
ermittelt und in Abb.3.19 im Zeit- und Frequenzbereich dargestellt. Die beiden
Aufbaubeschleunigungen stimmen noch besser als in Abb.3.17 überein.

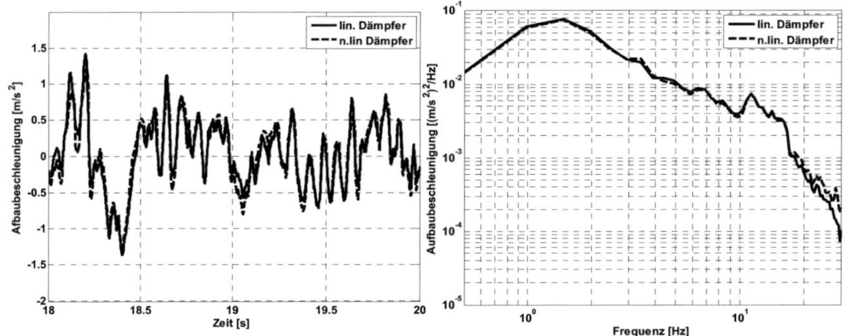

Abb.3.19: Vergleich der Simulation mit nichtlinearer und linearer Dämpferkennlinie
(Anregung ist die erste Ableitung der Komfortstrecke_2)

Zusammenfassend wird festhalten, dass der Stoßdämpfer für die komfortrelevanten Nichtlinearitäten des Fahrzeugs im interessierenden Frequenzbereich verantwortlich ist und dass durch ein Zusammenspiel zwischen der Welligkeit der Straße und des Achsübertragungsverhaltens eine sehr gute, lineare Dämpferapproximation möglich ist. Diese Erkenntnisse unterstützen die weitere Vorgehensweise der Beschreibung des Fahrkomforts mit linearen Übertragungsfunktionen. Hierbei werden diese aus Messdaten identifiziert. Weiterhin muss festgehalten werden, dass die Dämpferapproximation nur anregungsabhängig möglich ist. Dies verlangt ein Validierungsverfahren zur anregungsabhängigen Anpassung des Dämpferarbeitsbereiches und somit eine komplette Abdeckung der komfortrelevanten Strecken aus wenigen an bestimmten Strecken optimierten Übertragungsfunktionen.

4 Parameteridentifikation und Optimierung

Die Parameteridentifikation kann als Ergänzung zur theoretischen Modellbildung angesehen werden. Mit Hilfe der Identifikation lassen sich schwer messbare Größen identifizieren, die zur Parametrierung und zur Validierung des theoretischen Modells benötigt werden. Oftmals ergibt sich der Wunsch nach einer Vereinfachung von mathematisch schwer zu beschreibenden Prozessen. Solche Fragestellungen können durch die Identifikation einer Modellersatzstruktur behandelt werden. Die so identifizierte Modellersatzstruktur kann meist sehr gut physikalisch interpretiert werden.

In diesem Kapitel wird als Erstes die Vorgehensweise bei der Parameteridentifikation und der anschließenden Optimierung vorgestellt. Die Identifikationsproblematik der im Kapitel 3 analytisch hergeleiteten Übertragungsfunktionen aufgrund linearer Abhängigkeiten wird aufgezeigt. Zur Lösung wird eine neue Modellstruktur vorgestellt. Die Reduktion der Anzahl von Identifikationsparametern der neuen Modellstruktur wird ebenfalls untersucht. Mit Hilfe eines Viertelfahrzeugmodells werden die neuen Ansatzfunktionen interpretiert und auf zusätzliche Ordnungsreduktionsmöglichkeiten untersucht. Abschließend wird die Iterationsvorschrift für die Optimierung der Ansatzfunktionen aus Messdaten definiert.

4.1 Parameterschätz- und Optimierungsverfahren

In der Fachliteratur finden zahlreiche Identifikations- und Optimierungsverfahren im Bereich der Fahrdynamik eine Anwendung [46],[57],[62],[114],[117]. Die Methode der kleinsten Fehlerquadrate (LSM) eignet sich sehr gut zur Identifikation wenig gestörter dynamischer Systeme. Die zu identifizierenden Parameter werden ohne Rekursion geschätzt. Durch die Definition eines Gütekriteriums lässt sich ein Optimierungsproblem formulieren. Diese kann problemlos auf nichtlineare Systeme angewandt werden [46],[47],[62]. Der Nachteil dabei ist, dass die Optimierungsaufgaben durch die iterative Berechnung der Parameter sehr zeitintensiv sind. Weiter spielen die Anzahl der freien Parameter, Abbruchbedingungen und Restriktionen eine wesentliche Rolle bzgl. der Konvergenz und der Qualität des Endergebnisses [4].

Bei der parametrischen Identifikation wird eine Modellstruktur vorgegeben. Die Güte des Ergebnisses hängt somit stark davon ab, in wieweit die Modellstruktur zutrifft. Abb.4.1 zeigt die am häufigsten verwendeten Modellstrukturen.

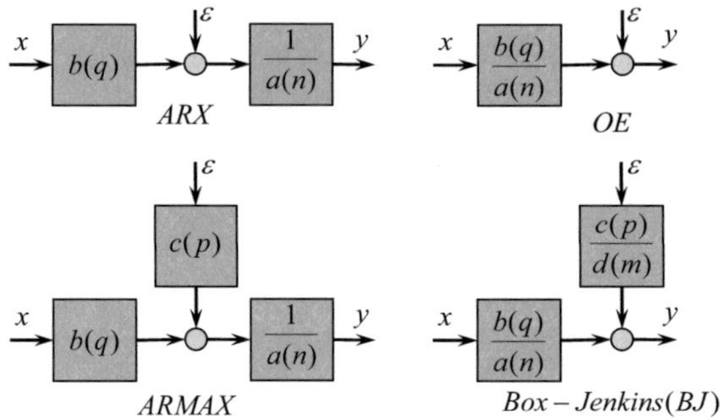

Abb.4.1: Modellstrukturen für die Parameteridentifikation [62]

Im nachfolgenden Kapitel 4.2 werden die Ansatzfunktionen aus dem Simulationsmodell identifiziert. Die Störung ε kann vernachlässigt werden, da diese sich ausschließlich aus dem „Rauschen" des Integrationsverfahrens bildet. Aus diesem Grund scheint das OE-Modell (Output-Error-Modell) besonders gut geeignet zu sein. Informationen zu den einzelnen Modellstrukturen können aus [62] entnommen werden. Das OE-Modell lässt sich mit nachfolgender Gleichung darstellen:

$$y(k) = G_s \cdot u(k) + \varepsilon(k) = \frac{b(q)}{a(n)} \cdot u(k) + \varepsilon(k) \tag{4.1}$$

Hierbei entsprechen die Koeffizienten $a(n)$ und $b(q)$ den bekannten Koeffizienten der systembeschreibenden Differenzialgleichung:

$$a_n \frac{d^n y}{dt^n} + ... + a_1 \frac{dy}{dt} + a_o y(k) = b_q \frac{d^q u}{dt^q} + ... + b_1 \frac{du}{dt} + b_o u(k) \tag{4.2}$$

Der Ausdruck $\frac{b(q)}{a(n)} \cdot u(k)$ beschreibt das ideale Systemverhalten ohne Einwirkung einer Störgröße. Dieser wird als $y_m(k)$ bezeichnet und kann mit nachfolgender Gleichung beschrieben werden:

$$y_m(k) = m^T(k) \cdot p \tag{4.3}$$

Die zu identifizierenden Systemparameter werden im Verktor p zusammengefasst. Der transponierte Vektor $m^T(k)$ beinhaltet die Ableitungen der Eingangs- und Ausgangssignale. Der Prädiktionsfehler $e(k)$ resultiert gemäß Abb.4.2 zwischen dem Systemausgang und dem Modellausgang.

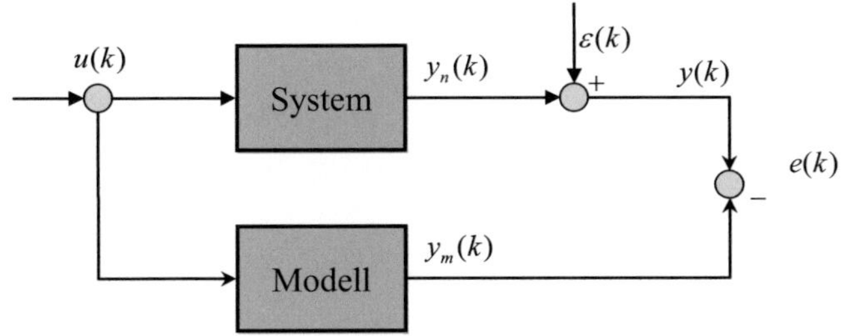

Abb.4.2:Grungüberlegungsschema zur Entstehung des Prädiktionsfehrers

$$y_n(k) - y_m(k) = y(k) - \varepsilon(k) - y_m(k)$$
$$= y(k) - \varepsilon(k) - m^T(k)p \qquad (4.4)$$
$$= e(k)$$

Anders als beim deterministischen Fall müssen bei einem stochastischen Prozess deutlich mehr Gleichungen als zu identifizierende Parameter vorliegen. Dies bedeutet, dass die Anzahl der Messwerte N sehr viel größer als die Anzahl der unbekannten Parameter n sein muss. Die Gleichungen (4.3) und (4.4) werden nun zu folgendem Gleichungssystem in Matrizenschreibweise umgeschrieben

$$e(N) = [e(n) \cdot e(n+1)...e(n-N)]^T$$
$$y(N) = [y(n) \cdot y(n+1)...y(n-N)]^T \qquad (4.5)$$
$$M(N) = \begin{pmatrix} m^T(n) \\ ... \\ m^T(n+N) \end{pmatrix}$$

und mit dem geschätzten Parametervektor $\hat{p}$ ergänzt.

$$e(N) = y(N) - M(N) \cdot \hat{p} \qquad (4.6)$$

Um eben erwähnte Schätzung ermitteln zu können, ist eine Verlustfunktion $V(\hat{p})$ erforderlich, welche die Abweichung zwischen den Parametern des Systems und den geschätzten Parametern des Modells bewertet. Basierend auf Gauss wird für die Verlustfunktion die Beziehung

$$V(\hat{p}) = e^T(N) \cdot e(N) = \sum_{k=n}^{N} e^2(N)$$

(4.7)

verwendet. Diese wird bezüglich der unbekannten Parameter minimiert:

$$\frac{\delta}{\delta\hat{p}} V(\hat{p}) \overset{!}{=} 0$$

(4.8)

Das Ergebnis ist die nichtrekursive Schätzgleichung der Methode der kleinsten Quadrate. Ausführliche Ableitung siehe [46]:

$$\hat{p} = \left(M^T \cdot M\right)^{-1} \cdot M^T \cdot y$$

(4.9)

Die Determinante des Ausdruckes $\left(M^T \cdot M\right)$ muss ungleich Null sein.

Um sicher zu stellen, dass tatsächlich ein Minimum vorliegt, muss die zweite Ableitung von $V(\hat{p})$ positiv definit sein.

$$\frac{\delta^2}{\delta\hat{p}\,\delta\hat{p}^T} V(\hat{p}) \overset{!}{=} 0 \rightarrow \hat{p} = M^T \cdot M$$

(4.10)

Die LSM – Schätzung ist nicht erwartungstreu [47]. Aufgrund dessen liefert sie nur dann sehr gute Ergebnisse, wenn das System nicht bzw. geringfügig gestört wurde.

Ein großer Vorteil der nicht rekursiven LSM ist die Schätzung der Parameter in einem Rechenlauf. Die Fahrzeugkomfortbewertung erfolgt offline durch Auswertung der Datensätze. Somit eignet sich die nicht rekursive LSM hervorragend als Vorstufe zur Bestimmung der Anfangsparameter der aus der Modellreduktion hergeleiteten Ansatzfunktionen.

Wie schon erwähnt, lässt sich die LSM durch Definition eines Gütekriteriums zu einem Optimierungsproblem erweitern. Zur Minimierung des Optimierungsproblems existieren zahlreiche Verfahren. Ganz grob lassen sie sich in stochastische und deterministische Verfahren aufteilen. Die stochastischen Verfahren sind nicht auf konvexe Probleme wie die deterministischen Verfahren beschränkt und sie können besser als deterministische Verfahren die lokalen Minima „überspringen" und das globale Minimum finden. Die stochastischen Verfahren eignen sich besonders gut zur Minimierung sehr komplexer Optimierungsprobleme mit vielen Parametern und unter Berücksichtigung vieler Restriktionen. Aufgrund der „chaotischen" Bestimmung der Suchrichtung konvergieren solche Verfahren nur sehr langsam und benötigen sehr viel

Rechenleistung (meistens um den Faktor 100 mehr als die deterministischen Verfahren). Die bekanntesten Vertreter der stochastischen Optimierungsverfahren sind die Monte-Carlo-Methode und die Evolutionsstrategien.

Bei den deterministischen Verfahren wird meist ein konvexes Problem vorausgesetzt, so dass das Finden des globalen Minimums nicht gewährleistet werden kann. Sie haben den Vorteil, dass sie sehr schnell konvergieren. Ein weiterer großer Vorteil ist die Möglichkeit, anhand der Suchrichtungsbestimmung die Schritte des Optimierungsvorgangs nachzuvollziehen. Bei der Fehlersuche ergibt sich somit ein enormer Vorteil bzgl. der Interpretation der Ergebnisse und des Weges dahin.

Im Rahmen dieser Arbeit wird zur Optimierung der Ansatzfunktionen die Levenberg-Marquardt Methode (LMM) eingesetzt. Diese stammt aus der Gauss-Newton Methode (GNM) und wird in Folgenden kurz vorgestellt.

Die GNM benötigt nur die erste Ableitung der Verlustfunktion (4.6), so dass sich Vorteile bzgl. der Optimierungsdauer ergeben. Ausgehend von (4.8) lässt sich die folgende Iteration aufschreiben:

$$p_{i+1} = p_i + \left(M^T \cdot M\right)^{-1} \cdot M^T \cdot y \qquad (4.11)$$

Die Iteration wird abgebrochen, wenn die vorzugebenden Genauigkeitsschranken unterschritten sind.

$$\frac{1}{N} \sqrt{\left(p_{i+1} - p_i\right)^T \cdot \left(p_{i+1} - p_i\right)} < \varepsilon \quad und \quad \left|y - M \cdot p_i\right| < \varepsilon \qquad (4.12$$

Durch eine Modifikation von (4.10) ergibt sich die Iterationsgleichung für die LMM:

$$p_{i+1} = p_i + h_{lm}\left(M^T \cdot M + \mu \cdot I\right)^{-1} \cdot M^T \cdot y \qquad (4.13)$$

Diese Modifikation bringt mehrere Effekte mit sich.

- h_{lm} ist hier eine variable Iterationsschrittweite. Bei der GNM ist sie im Normalfall eins. Dies kann zu Konvergenzproblemen führen, falls die Startwerte ungünstig gewählt wurden.

- Für $\mu > 0$ ist die Matrix $(M^T \cdot M + \mu \cdot I)$ positiv definit, so ist sichergestellt, dass die Suchrichtung optimal verläuft.

- Wenn μ sehr groß wird, ergibt sich die kleinst mögliche Iterationsschrittweite $h_{lm} \cong \dfrac{1}{\mu}\dfrac{\delta}{\delta \hat{p}} V(\hat{p})$. Dies kann sich günstig auswirken, wenn die aktuelle Iteration sehr weit von der Lösung entfernt ist.

- Wenn μ sehr klein wird, geht die LMM in die GNM über.

Unter der Berücksichtigung von $\dfrac{\delta}{\delta \hat{p}} V(\hat{p}_{optimal}) = \nabla = 0$, ist es sinnvoll das Abbruchkriterium wie folgt zu definieren:

$$\|\nabla\|_\infty \leq \varepsilon \tag{4.14}$$

Falls die Startwerte hinreichend nahe beim tatsächlichen Minimum liegen, erreicht das Verfahren eine quadratische Konvergenz. Durch Variation von h_{lm} kann das Konvergenzgebiet wesentlich vergrößert werden [95],[28],[102].

4.2 Modellreduktion und Identifikation der Ansatzfunktionen

Die Komfortbewertungen werden bei Geradeausfahrt mit konstanter Geschwindigkeit und mit keinen bzw. sehr moderaten Lenkeingriffen durchgeführt. Die Anregungen an der Hinterachse ergeben sich nach (3.7). Somit sind die Anregungen linear abhängig. Im Folgenden wird die sich daraus ergebende Problematik näher erleuchtet.

Mittels der Laplace-Transformation der Eingangs- und Ausgangssignale lässt sich die Übertragungsfunktion des Systems ermitteln, indem man Ausgang durch Eingang teilt.

$$G(s) = \frac{Y(s)}{U(s)} \tag{4.15}$$

Hier setzt sich die jeweilige Systemantwort in der Regel aus vier Systemanregungen zusammen. Das so entstehende System wird als MISO-System[16] bezeichnet. Um die Übertragungsfunktionen von MISO-Systemen zu berechnen, wird aus n-Eingängen U und einem Ausgang Y eine Spektraldichtematrix S gebildet. Hierbei geht man von folgender Modellvorstellung aus:

$$Y_i = \left[G_1 U_1 + G_2 U_2 + \cdots + G_n U_n \right] = \vec{G}^T \vec{U} = \vec{U}^T \vec{G} \tag{4.16}$$

---

[16] MISO-System = Multiple Input Single Output - System

Zur Berechnung der Spektraldichtematrix werden die Systemeingänge sowie der Systemausgang zu einem Vektor zusammengefasst:

$$Z^T = \begin{bmatrix} U_1 & U_2 & ... & U_n & Y \end{bmatrix}$$

(4.17)

Hieraus resultiert die Spektraldichtematrix S zu:

$$S = \begin{bmatrix} S_{u_1 u_1} & S_{u_1 u_2} & S_{u_1 u_{...}} & S_{u_1 u_n} & S_{u_1 y} \\ ... & S_{u_2 u_2} & S_{u_2 u_{...}} & S_{u_2 u_n} & S_{u_2 y} \\ ... & ... & ... & S_{u_{...} u_n} & S_{u_{...} y} \\ ... & ... & ... & S_{u_n u_n} & S_{u_n y} \\ ... & ... & ... & ... & S_{yy} \end{bmatrix}$$

(4.18)

Die Spektraldichtematrix beinhaltet alle vorkommenden Auto- und Kreuzleistungsdichtespektren der Eingangssignale und des Ausgangssignals und ist symmetrisch zur Hauptdiagonalen. Die einzelnen Auto- bzw. Kreuzleistungsdichtespektren stehen in folgender Beziehung zueinander:

$$S_{uy} = E\left\{U^*Y\right\} = E\left\{U^*U^T G\right\} = S_{uu} G$$

(4.19)

Hierbei beinhaltet der Vektor S_{uy} alle Kreuzleistungsdichtespektren aus der Spektraldichtematrix S. S_{uu} beschreibt alle Autoleistungsdichtespektren von $1...n$ Eingängen. Der Übertragungsfunktionsvektor G ergibt sich durch Invertierung der Autoleistungsdichtespektrenmatrix S_{uu} und anschließender Multiplikation des Kreuzleistungsdichtespektrumsvektors S_{uy}:

$$G = S_{uu}^{-1} \cdot S_{uy}$$

(4.20)

Aus (4.19) ist ersichtlich, dass die S_{uu}-Matrix regulär sein muss, damit das Gleichungssystem eindeutig lösbar ist. Wie aber schon erwähnt, entsprechen die hinteren Anregungen bis auf einer Phasenverschiebung die der vorderen Anregungen. Aufgrund dessen bilden sich in der S_{uu}-Matrix linear abhängige Vektoren, da die Leistungsdichtespektren vorne identisch mit den hinteren sind. Daraus ergibt sich eine singuläre[17] S_{uu}-Matrix.

Die im Kapitel 3 hergeleiteten analytischen Übertragungsfunktionen bilden folgende Modellstruktur.

---

[17] nicht invertierbare Matrix, da die Determinante zu Null wird

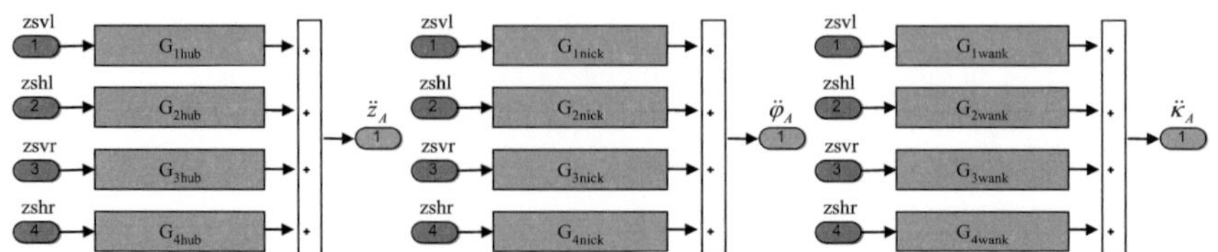

Abb.4.3: Modellstruktur der im Kapitel 3 hergeleiteten Übertragungsfunktionen

Die Anregungen an der Hinterachse beinhalten die Zeitverschiebung, welche sich aus der Division des Radstandes mit der aktuellen Geschwindigkeit ergibt (2.4). Die Aufbau-, Nick- und Wankbeschleunigungen resultieren aus der Summe der sich aus der Multiplikation des jeweiligen Anregungsspektrums mit der dazugehörigen Übertragungsfunktion ergebenden Teilbeschleunigungen. Aus den oben genannten Gründen ist die Identifikation dieser Struktur unmöglich. Um diese Problematik zu umgehen, wird eine Methodik entwickeln, welche die Systemeingänge so kombiniert, dass am Ende der Modifikation nur ein Systemeingang auf einen Systemausgang wirkt.

Durch eine Separation der vier Straßenanregungen in fahrzeugspezifische Anregungsarten wird die in Abb.4.3 dargestellte MISO- Struktur in eine SISO[18]- Struktur überführt. Diese fahrzeugspezifischen Anregungsarten werden hier als Hub- U_{hub}, Nick- U_{nick}, Wank- U_{wank}, Quer- U_{quer} und Längsanregung $U_{längs}$ definiert. Die Hubanregung berechnet sich aus dem Mittelwert der vier Straßenanregungen

$$U_{hub} = U_{längs} = \frac{\left(z_{svl} + z_{svr} + z_{shl} + z_{shr}\right)}{4} \qquad (4.21)$$

Es wird hier angenommen, dass bei Geradeausfahrt die Hubanregung proportional der Längsanregung ist und somit für die Entstehung der Längsbeschleunigung verantwortlich ist. Weiter bedeutet dies, dass die Radbeschleunigungen in Längs- und in Vertikalrichtung vollständig bzw. die Hub- und Längsaufbaubeschleunigung aufgrund der Interferenzen zwischen der Vorder- und der Hinterachse bedingt miteinander korrelieren müssen. Abb.4.4 zeigt die Autoleistungsdichtespektren gemessener Längs- und Hubbeschleunigung während einer Komfortmessfahrt. Die

---

[18] Single Input Single Output

Kohärenz zwischen den beiden Beschleunigungen ist ein Maß für die lineare Abhängigkeit. Sie ist im Schnitt sehr hoch.

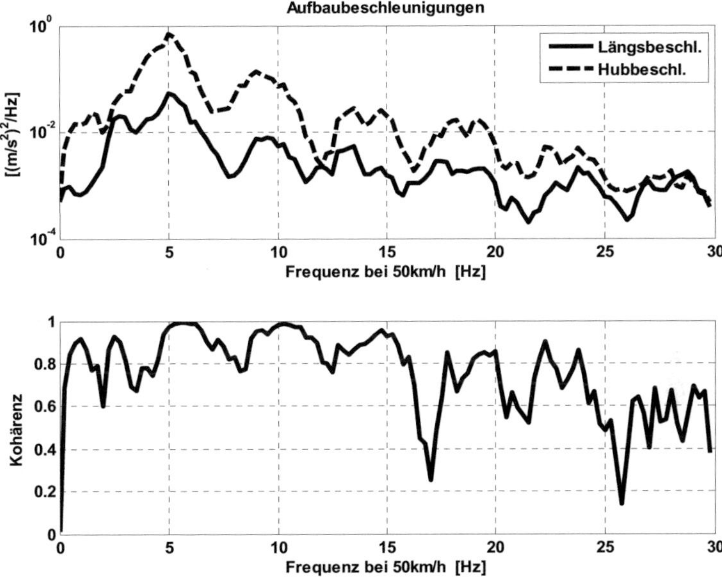

Abb.4.4: Auswertung zur Herleitung der Längsanregung aus der Hubanregung anhand gemessener Längs- und Hubbeschleunigungen

Dieser Zusammenhang lässt sich anhand der Achsbeschleunigungen noch genauer veranschaulichen. In Abb.4.5 sind die Autoleistungsdichtespektren der Längs- und der Hubbeschleunigung dargestellt, welche an der Radnabe vorne-links gemessen wurden. Anhand des Kohärenzverlaufs dazwischen lässt sich folgern, dass die beiden Beschleunigungen nahezu identischen Frequenzgehalt aufweisen und dass der angenommene Zusammenhang zulässig somit zulässig ist.

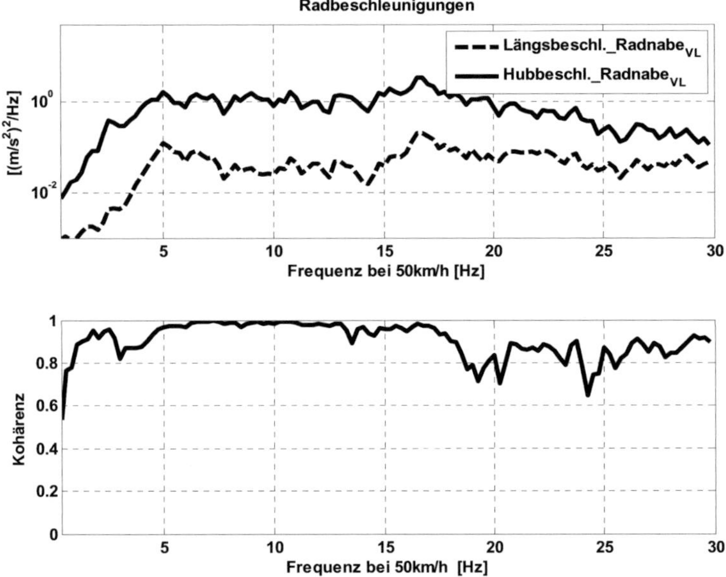

Abb.4.5: Kohärenzverlauf gemessener Hub- bzw. Längsradbeschleunigungen

Die Wankanregung berechnet sich unter Berücksichtigung des Vorzeichens (DIN 70000) aus der Differenz zwischen der linken und rechten Fahrspur.

$$U_{wank} = U_{quer} = \frac{\left(\dfrac{\left(z_{svl} - z_{svr}\right)}{2} + \dfrac{\left(z_{shl} - z_{shr}\right)}{2} \right)}{2} \tag{4.22}$$

Analog der vorherigen Überlegung lässt sich zeigen, dass sich die Querbeschleunigung bei einer Komfortfahrt aus der Wankbeschleunigung ergibt. In Abb.4.6 ist die Kohärenz zwischen der Quer- und der Wankbeschleunigung dargestellt. Der Kohärenzverlauf kann ohne weiteres als hervorragend bezeichnet werden. Somit lässt sich ohne weiteres die Wankanregung auch als Queranregung definieren.

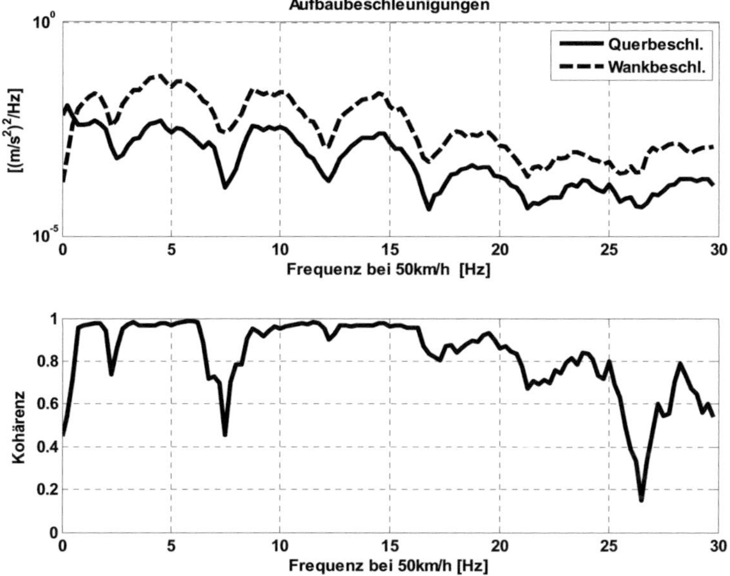

Abb.4.6: Auswertung zur Herleitung der Queranregung aus der Wankanregung anhand gemessener Quer- und Wankbeschleunigungen

Bei der Nickanregung ist auch das Vorzeichen nach DIN 70000 zu wählen, damit sich keine Probleme bzgl. der Transformation zwischen Federbeindom und Schwerpunkt ergeben.

$$U_{nick} = \frac{\left(\frac{\left(z_{shl} - z_{svl} \right)}{2} + \frac{\left(z_{shr} - z_{svr} \right)}{2} \right)}{2} \tag{4.23}$$

Die resultierende Systemstruktur ist in Abb.4.7 dargestellt. Die Übertragungsfunktionen zwischen der Längsanregung und der Längsbeschleunigung bzw. zwischen der Queranregung und der Querbeschleunigung werden erst am Ende dieses Kapitels definiert und erläutert.

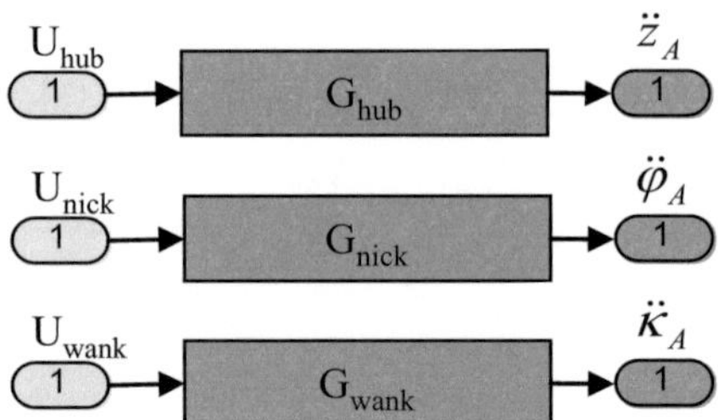

Abb.4.7: Zu identifizierende Modellstruktur mit den neuen Anregungen

Es ergeben sich drei Übertragungsfunktionen. Eine für den jeweiligen Freiheitsgrad. Das Gieren wird in dieser Arbeit vernachlässigt, da bei den meisten Fahrkomfortmessungen geradeaus gefahren wird und somit kaum Gieranregung entsteht. Es stellt sich die Frage, ob die Beschleunigungen aus der neuen Modellstruktur mit den Beschleunigungen aus dem im Kapitel 3.2 vorgestellten Fahrzeugmodell identisch sind. Die Hub-, Nick-, und Wankübertragungsfunktionen können aus den analytischen Übertragungsfunktionen oder durch Modifikation der Zustandsraumdarstellung analytisch berechnet werden. Da die zwölf analytischen Übertragungsfunktionen schon bekannt sind, werden diese zur Berechnung der Hub-, Nick-, und Wankübertragungsfunktionen herangezogen.

Die Hub-, Nick-, und Wankübertragungsfunktionen haben eine Nennerordnung von 56. Diese ergibt sich als Summe der Nenner der je vier analytischen Übertragungsfunktionen pro Freiheitsgrad [vgl. (3.37)].

$$G_{i,j}(s) = \frac{Y_i(s)}{U_j(s)} = \frac{b_{55}s^{55} + b_{54}s^{54} + \ldots + b_1 s + b_0}{a_{56}s^{56} + a_{55}s^{55} + \ldots + a_1 s + a_0} \tag{4.24}$$

In Abb.4.8 sind die Hub-, Nick-, und Wankbeschleunigungen aus der in Abb.4.3 dargestellten Systemstruktur und aus der neuen mit einer Übertragungsfunktion pro Freiheitsgrad definierten Systemstruktur (Abb.4.7) dargestellt.

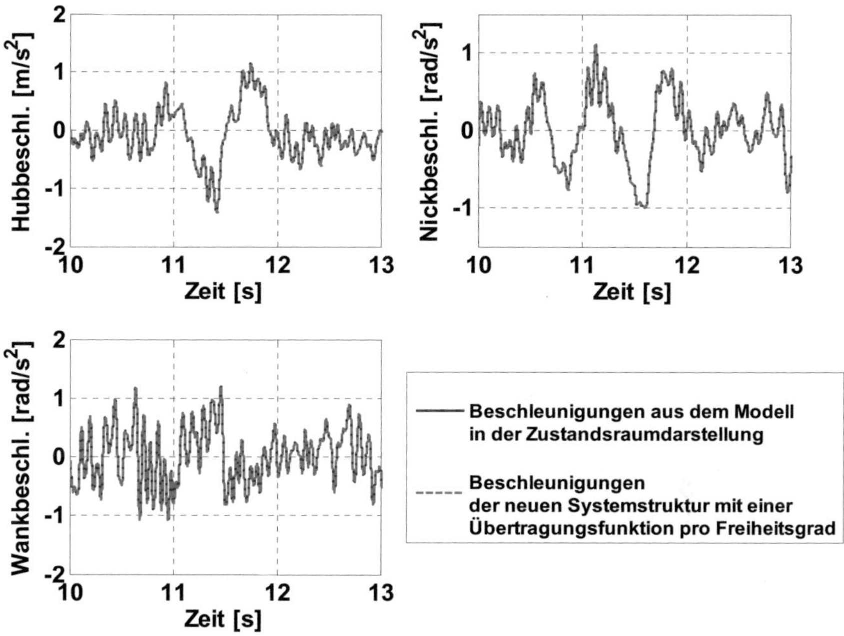

Abb.4.8: Hub-, Nick- und Wankbeschleunigungen im Vergleich

Wie aus der Abb.4.8 ersichtlich, sind die Beschleunigungen der neuen Modellstruktur mit dem in Kapitel 3 vorgestellten Fahrzeugmodell identisch. Die dazugehörigen Amplituden- und Phasengänge der neuen Übertragungsfunktionen zeigt Abb.4.9.

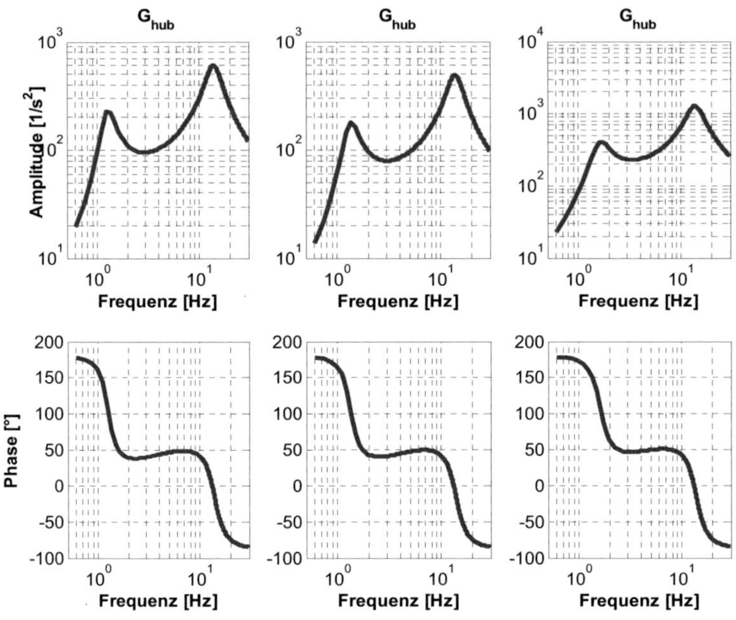

Abb.4.9: Ansatzübertragungsfunktion der reduzierten Anregungsmodellstruktur

Somit lässt sich vorerst die zu identifizierende Modellstruktur zur folgenden Matrizengleichung zusammenfassen.

$$\begin{bmatrix} \ddot{z}_A \\ \ddot{\varphi}_A \\ \ddot{\kappa}_A \end{bmatrix} = \begin{bmatrix} G_{hub} & 0 & 0 \\ 0 & G_{nick} & 0 \\ 0 & 0 & G_{wank} \end{bmatrix} \cdot \begin{bmatrix} u_{hub} \\ u_{nick} \\ u_{wank} \end{bmatrix} \tag{4.25}$$

Diese analytischen Übertragungsfunktionen lassen sich problemlos identifizieren. Abb.4.10 zeigt das Ergebnis der Identifikation. Als Eingang wurde die vermessene Komfortstrecke_1 verwendet. Als Gütemaß der Identifikation wird der mittlere Fehler zwischen der mit der analytischen Übertragungsfunktion simulierten Aufbaubeschleunigung und der mit der identifizierten Übertragungsfunktion berechneten Aufbaubeschleunigung:

$$Fehler = \sqrt{\sum_{i=1}^{n} \left(a_i^{analytisch} - a_i^{identifiziert} \right)^2} \tag{4.26}$$

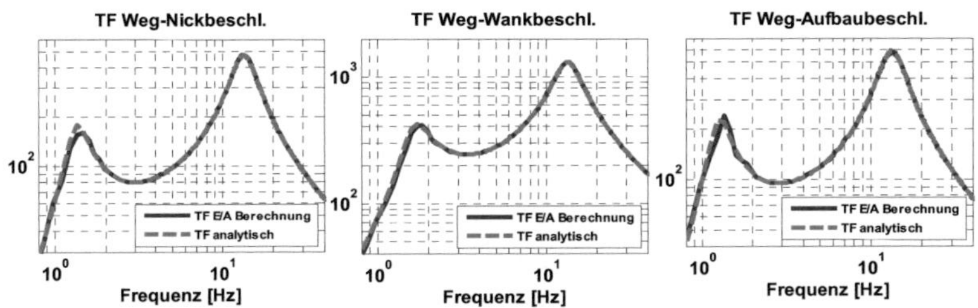

Abb.4.10: Analytische und identifizierte Übertragungsfunktionen im Vergleich

Erinnert man sich an die bereits aufgezeigte Problematik der linear abhängigen Systemanregungen, kann aufgrund des berechneten Fehlers von $10^{-5}\,m/s^2$ die Güte der Identifikation als hervorragend bezeichnet werden. Dies liegt zum Einen an der neuen SISO-Systemstruktur, die jetzt eindeutig identifizierbar ist und zum Anderen an der geschickten Berechnung der Systemanregungen.

Pro Übertragungsfunktion müssen hier 113 Parameter identifiziert werden (vgl. 4.24). Des Weiteren wirkt keine Störung auf das System. In der Praxis kommt es sehr häufig vor, insbesondere dann, wenn Modelle aus Messdaten parametriert und validiert werden, dass die Messdaten Drift- und Offset-Fehler bzw. zufällige Störungen beinhalten. Diese wirken sich sehr negativ auf die Parameteridentifikation bzw. Optimierung aus. Eine hohe Anzahl an zu identifizierenden Parametern kann die Güte des Ergebnisses stark mindern [4],[46],[57]. Aus diesem Grund sollte deren Anzahl möglichst gering gehalten werden.

Untersuchungen zur Ordnungsreduktion eines SISO-Systems können auf verschiedene Art und Weise durchgeführt werden. Eine Möglichkeit besteht darin, die Eigenwerte der Übertragungsfunktion zu analysieren. Liegen Eigenwerte eng aneinander, können diese zu einem Eigenwert zusammengefasst werden. Die Pole der Übertragungsfunktion stimmen im Normalfall mit den Eigenwerten der Systemmatrix A des Zustandsraummodells überein. Dividiert man den Imaginäranteil der Pole durch 2π, entspricht dies den Resonanzstellen des Systems. Die Nullstellen geben all jene Frequenzen an, die vom System nicht übertragen werden. Sie beeinflussen prinzipiell die Eigenbewegungen des Systems nicht. Sie haben jedoch einen maßgeblichen Einfluss auf die Amplitudenverläufe bei Anregung. Je näher sich Pol- oder Nullstellen an der imaginären Achse befinden, desto größer ist ihr Einfluss auf das Systemverhalten [63],[64].

Eine weitere Möglichkeit zur Ordnungsreduktion kann mit Hilfe der Identifikation realisiert werden. Hierfür wird eine vorgegebene Übertragungsfunktion durch eine Variation der Parameteranzahl so identifiziert, dass der Fehler zwischen dem mit der analytischen Übertragungsfunktion simulierten Ausgang und dem mit der identifizierten Übertragungsfunktion simulierten Ausgang minimal wird (4.26). Dabei muss das Verhältnis zwischen dem Nenner- und Zählergrad bekannt sein. Trägt man auf der x-Achse die Anzahl der Parameter und auf der y-Achse den ermittelten Fehler auf, bekommt man folgende Kurve (Abb.4.11)

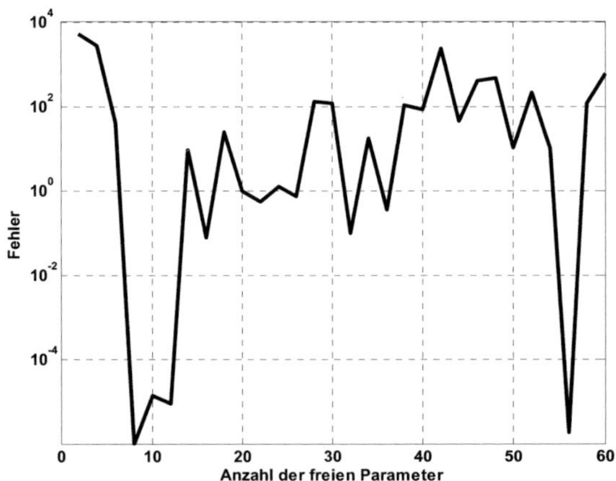

Abb.4.11: Ermittlung der optimalen Parameteranzahl

Es ist deutlich zu erkennen, dass die optimale Anzahl an Parametern acht beträgt. Somit ergibt sich für das Polymon der neuen Übertragungsfunktionen:

$$G_{i,j}(s) = \frac{Y_i(s)}{U_j(s)} = \frac{b_3 s^3 + b_2 s^2 + b_1 s + b_0}{s^4 + a_3 s^3 + a_2 s^2 + a_1 s + a_0} \tag{4.27}$$

Um einen Parameter weniger zu identifizieren, wurde der Koeffizient vor s^4 auf eins normiert. Analog wie in Abb.4.10 gezeigt, werden jetzt die analytischen Übertragungsfunktionen mit acht Parameter anstatt 113 identifiziert (Abb.4.12)

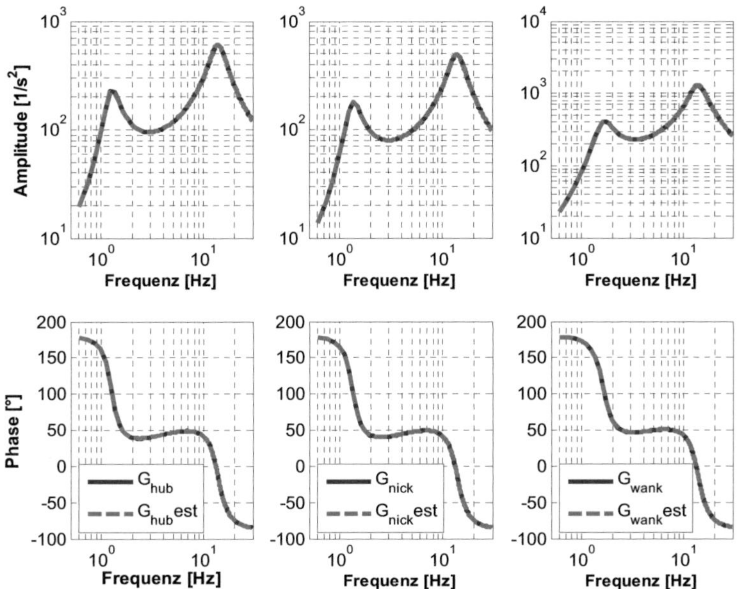

Abb.4.12: Analytische und mit acht Parametern identifizierte
Übertragungsfunktionen im Vergleich

Die Amplituden- und Phasengänge der mit acht Parametern identifizierten Übertragungsfunktionen sind mit den analytisch berechneten Amplituden- und Phasengängen identisch Der Fehler nach (4.26) liegt ebenfalls im Bereich $10^{-5} m/s^2$. Die Beschreibung der Übertragungsfunktionen mit nur acht Parametern ist für die nachfolgende Optimierung sehr vorteilhaft bzgl. der Optimierungszeit und -genauigkeit.

Um ein Verständnis bzgl. der Übertragungsfunktionsstruktur mit acht freien Parametern zu entwickeln, wird hier ein Viertelfahrzeugmodell herangezogen (siehe Kapitel 3). Die Übertragungsfunktion zwischen der Straße und der Aufbaubeschleunigung lässt sich, wie in Kapitel 3 „Modellbildung und Simulation" gezeigt, durch Bildung der Zustandsraumdarstellung analytisch berechnen. Da es sich aber hier um ein vergleichsweise einfaches System handelt, können die Übertragungsfunktionen direkt durch Laplace-Transformation der Differenzialgleichungen und anschließende Umformung berechnet werden. Dieser Weg hat den großen Vorteil, dass jeder Schritt relativ einfach nachvollzogen werden kann und somit ein besserer Einblick in das Übertragungsverhalten gekoppelter Schwingungssysteme gegeben ist.

Ausgangssituation zur Berechnung der Bewegungsgleichungen stellen die statischen Lasten Fc_A und Fc_R bei eingefedertem Zustand dar (Abb.3.9). Das Kopflager, die Dämpferreibung sowie das Dämpferspiel werden in den nachfolgenden Berechnungen vernachlässigt. Die daraus resultierenden dynamischen Bilanzen um die jeweiligen Betriebslagen ergeben sich für das Rad zu:

$$m_R \cdot \ddot{z}_R = -d_A(\dot{z}_R - \dot{z}_A) - c_A(z_R - z_A) + c_R(z_S - z_R) \tag{4.28}$$

und für den Aufbau:

$$m_A \cdot \ddot{z}_A = d_A(\dot{z}_R - \dot{z}_A) + c_A(z_R - z_A) \tag{4.29}$$

Die Laplace-Transformation der Aufbaugleichung führt zu:

$$\left(m_A \cdot s^2 + d_A \cdot s + c_A\right) \cdot Z_A(s) = \left(d_A \cdot s + c_A\right) \cdot Z_R(s) \tag{4.30}$$

und die der Radgleichung zu:

$$\left(m_R \cdot s^2 + d_A \cdot s + c_A + c_R\right) \cdot Z_R(s) = \left(d_A \cdot s + c_A\right) \cdot Z_A(s) + c_R \cdot Z_S(s) \tag{4.31}$$

Jetzt wird die Aufbaugleichung in die Radgleichung eingesetzt:

$$\left(m_R \cdot s^2 + d_A \cdot s + c_A + c_R\right) \cdot \left(\frac{m_A \cdot s^2 + d_A \cdot s + c_A}{\left(d_A \cdot s + c_A\right)}\right) \cdot Z_A(s) = \left(d_A \cdot s + c_A\right) \cdot Z_A(s) + c_R \cdot Z_S(s) \tag{4.32}$$

Eine Gruppierung nach den Laplace-Transformierten ergibt:

$$\left[\left(m_R \cdot s^2 + d_A \cdot s + c_A + c_R\right) \cdot \left(m_A \cdot s^2 + d_A \cdot s + c_A\right) - \left(d_A \cdot s + c_A\right)\right] \cdot Z_A(s) = \left(d_A \cdot c_R \cdot s + c_A \cdot c_R\right) \cdot Z_S(s) \tag{4.33}$$

Nach der Ausmultiplikation folgt:

$$\begin{aligned}
(m_A \cdot m_R \cdot s^4 &+ m_A \cdot d_A \cdot s^3 + m_A \cdot c_A \cdot s^2 + m_A \cdot c_R \cdot s^2 + m_R \cdot d_A \cdot s^3 + d_A^2 \cdot s^2 \\
&+ d_A \cdot c_A \cdot s + d_A \cdot c_R \cdot s + m_R \cdot c_A \cdot s^2 + d_A \cdot c_A \cdot s + c_A^2 + c_A \cdot c_R - \\
&d_A^2 \cdot s^2 - 2 \cdot d_A \cdot c_A \cdot s - c_A^2) \cdot Z_A(s) = \left(d_A \cdot c_R \cdot s + c_A \cdot c_R\right) \cdot Z_S(s)
\end{aligned} \tag{4.34}$$

Löst man (4.34) nach s auf, erhält man

$$\begin{aligned}
(m_A \cdot m_R \cdot s^4 &+ (m_A \cdot d_A + m_R \cdot d_A) \cdot s^3 + (m_A \cdot c_A + m_A \cdot c_R + m_R \cdot c_A) \cdot s^2 \\
&+ (d_A \cdot c_R) \cdot s + c_A \cdot c_R = \left(d_A \cdot c_R \cdot s + c_A \cdot c_R\right) \cdot Z_S(s)
\end{aligned} \tag{4.35}$$

Die Übertragungsfunktion ergibt sich aus dem Quotient der Laplace-Transformierten der Ausgangsgröße und der Eingangsgröße des Systems (4.15):

$$G(s) = \frac{Z_A(s)}{Z_S(s)} = \frac{\left(d_A \cdot c_R \cdot s + c_A \cdot c_R\right)}{\left(m_A \cdot m_R \cdot s^4 + (m_A \cdot d_A + m_R \cdot d_A) \cdot s^3 + (m_A \cdot c_A + m_A \cdot c_R + m_R \cdot c_A) \cdot s^2 + (d_A \cdot c_R) \cdot s + c_A \cdot c_R\right)} \tag{4.36}$$

(4.36) gibt die Übertragungsfunktion zwischen der Straße und der Aufbauposition an. Um die Übertragungsfunktion zwischen der Straße und den Aufbaubeschleunigungen zu erhalten, muss der Zähler von (4.36) zwei Mal abgeleitet werden. Durch eine Normierung wird der Parameter vor s^4 auf eins gesetzt.

$$G(s) = \frac{\ddot{Z}_A(s)}{Z_S(s)} = \frac{\left(\dfrac{d_A \cdot c_R}{m_A \cdot m_R} \cdot s^3 + \dfrac{c_A \cdot c_R}{m_A \cdot m_R} \cdot s^2 \right)}{\left(s^4 + \dfrac{m_A \cdot d_A + m_R \cdot d_A}{m_A \cdot m_R} \cdot s^3 + \dfrac{m_A \cdot c_A + m_A \cdot c_R + m_R \cdot c_A}{m_A \cdot m_R} \cdot s^2 + \dfrac{d_A \cdot c_R}{m_A \cdot m_R} \cdot s + \dfrac{c_A \cdot c_R}{m_A \cdot m_R} \right)} \tag{4.37}$$

Man erkennt, dass in (4.37) die zwei Zählerparameter mit den letzten zwei Nennerparametern identisch sind und somit gleichgesetzt werden können. Die Voruntersuchungen bzgl. dieser Parameterreduktion haben gezeigt, dass bei der Optimierung des Hubübertragungsverhaltens keine Verbesserung erzielt werden kann. Bei der Optimierung der restlichen Freiheitsgrade führt diese Vereinfachung zur Verschlechterung, da diese Parameter in diesem Fall ungleich sind.

Unter Berücksichtigung von (4.27) und von den bereits dargestellten Zusammenhängen zwischen Hub- und Längs- bzw. Wank- und Querbeschleunigung lässt sich die neue Struktur der Ansatzfunktionen wie folgt festlegen:

$$\begin{bmatrix} \ddot{z}_A \\ \ddot{\varphi}_A \\ \ddot{\kappa}_A \\ \ddot{x}_A \\ \ddot{y}_A \end{bmatrix} = \begin{bmatrix} G_{hub} & 0 & 0 & 0 & 0 \\ 0 & G_{nick} & 0 & 0 & 0 \\ 0 & 0 & G_{wank} & 0 & 0 \\ 0 & 0 & 0 & G_{längs} & 0 \\ 0 & 0 & 0 & 0 & G_{quer} \end{bmatrix} \cdot \begin{bmatrix} U_{hub} \\ U_{nick} \\ U_{wank} \\ U_{längs} \\ U_{quer} \end{bmatrix} \tag{4.38}$$

$$G_{i,j}(s) = \frac{Y_i(s)}{U_j(s)} = \frac{b_3 s^3 + b_2 s^2}{s^4 + a_3 s^3 + a_2 s^2 + a_1 s + a_0}$$

Analog Abb.4.12 wurden die analytischen Hub-, Nick- und Wankübertragungsfunktionen mit sechs Parametern identifiziert. Der Fehler nach (4.26) zu den analytischen Übertragungsfunktionen liegt ähnlich der Identifikation mit acht Parametern im Bereich $10^{-6} m/s^2$.

In Abb. 4.13 ist die Endsystemstruktur zur anregungsabhängigen Charakterisierung des Schwingungsverhaltens eines Fahrzeugs anhand der Fahrbahnanregung und der Aufbaubeschleunigungen dargestellt.

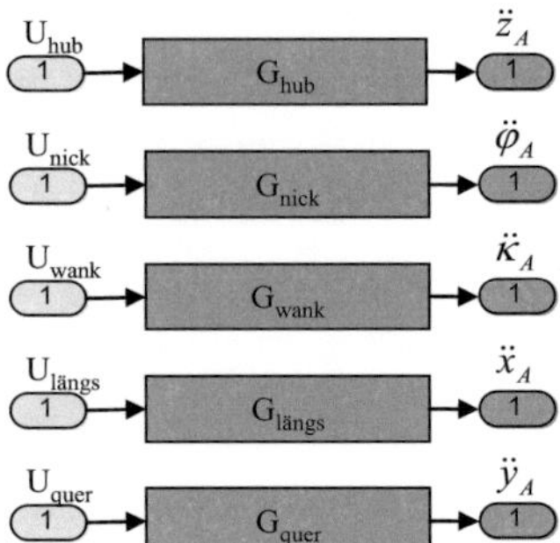

Abb.4.13:Systemstruktur zur anregungsabhängigen Beschreibung
des Schwingungsübertragungsverhaltens eines Fahrzeugs

Zur Anfangsparametrierung der Ansatzfunktionen, so dass die Startwerte möglichst nah am globalen Minimum liegen, wird das im Kapitel 3 vorgestellte Simulationsmodell verwendet. Die Startparameter der Hub-, Nick-, und Wankübertragungsfunktion können direkt mit dem Modell berechnet werden. Die Startparameter der Längs- und der Querübertragungsfunktion werden aus den ersten Messungen angepasst.

4.3   Optimierung der Ansatzübertragungsfunktionen aus Fahrkomfortmessungen

In Abb.4.14 ist exemplarisch die Startsituation für die Optimierung dargestellt. Oben im Bild ist die Hubanregung in Abhängigkeit der Fahrgeschwindigkeit dargestellt. Um eine bessere Übersichtlichkeit zu erzielen, wurde hier die Hubanregung aus einem Sinus-Sweep mit einem Frequenzgehalt von 0,3 bis 50Hz und einer Amplitude von $10^{-3}m$ berechnet. Die Nullstellen in der Hubanregung und deren Geschwindigkeitsabhängigkeit folgen aus (3.7). In der Mitte ist die Ansatzübertragungsfunktion zu sehen, welche bei gegebener Anregung geschwindigkeitsunabhängig ist. Unten im Bild ist die als Produkt zwischen Hubanregung und Übertragungsfunktion entstehende Hubbeschleunigung aufgezeigt.

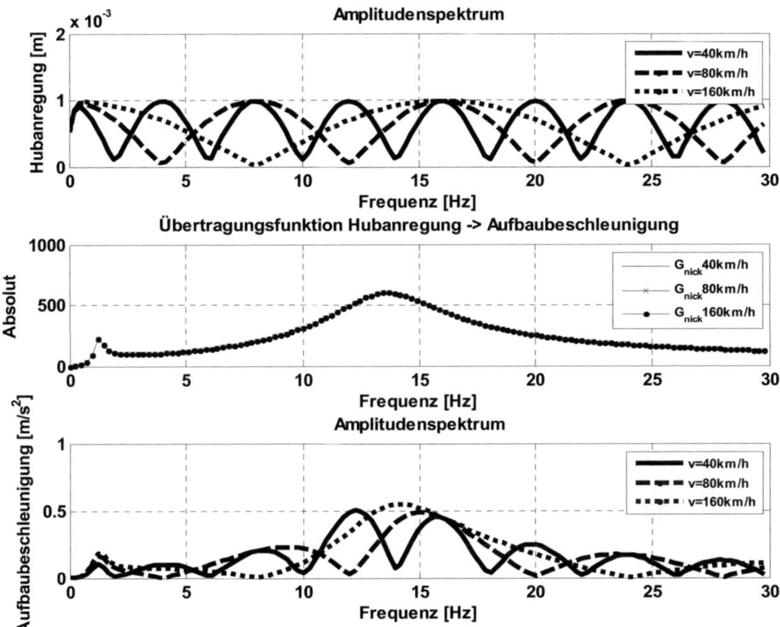

Abb.4.14: Darstellung der Startsituation zur Optimierung des Übertragungsverhaltens.
Die Hubanregung beinhaltet die Geschwindigkeitseinflusse zwischen
der Vorder- und die Hinterachse. Die zu optimierenden Übertragungsfunktionen sind somit geschwindigkeitsunabhängig.

Bei der Nickbeschleunigung ergibt sich ein ähnliches Bild. In Abb.4.15 ist analog zur Vorgehensweise in Abb.4.14 die Auswertung für die Nickbeschleunigung dargestellt. Die Ansatzübertragungsfunktion ist ebenfalls anregungsabhängig aber, wie man sieht, nicht geschwindigkeitsabhängig.

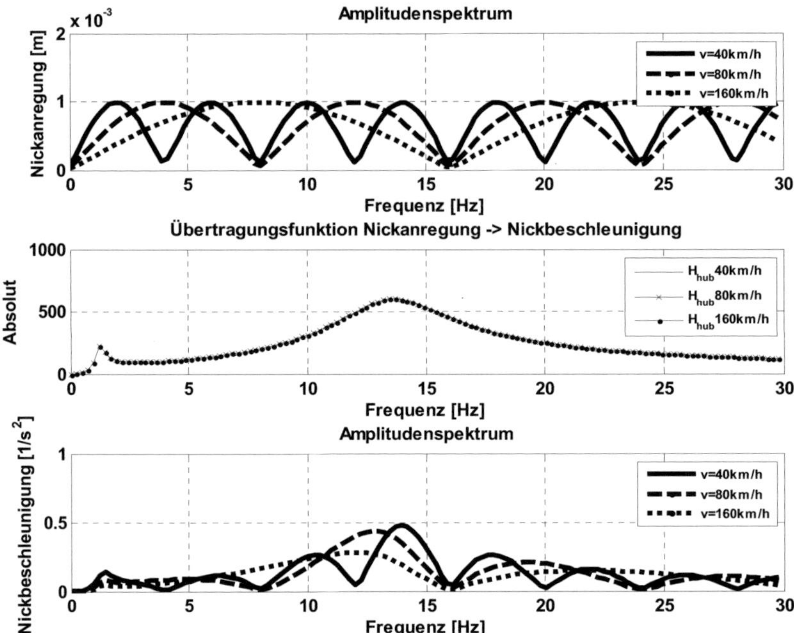

Abb.4.15: Darstellung der Startsituation zur Optimierung des Übertragungsverhaltens. Die Nickanregung beinhaltet die Geschwindigkeitseinflusse zwischen der Vorder- und die Hinterachse. Die zu optimierenden Übertragungsfunktionen sind somit geschwindigkeitsunabhängig.

Bei der Hub- und Nickanregung ergeben sich immer geschwindigkeitsabhängige Nullstellen. Auch bei der Wankanregung können sich Nullstellen ergeben. Diese sind proportional zu den Nullstellen der Hubanregung, da die linke und die rechte Fahrspur keine lineare Abhängigkeit aufweisen (vgl. Abb3.4).

Aus den bisherigen Erkenntnissen lässt sich die in Abb.4.16 dargestellte Vorgehensweise zur Optimierung der Ansatzübertragungsfunktionen aus Fahrkomfortmessungen schematisch formulieren.

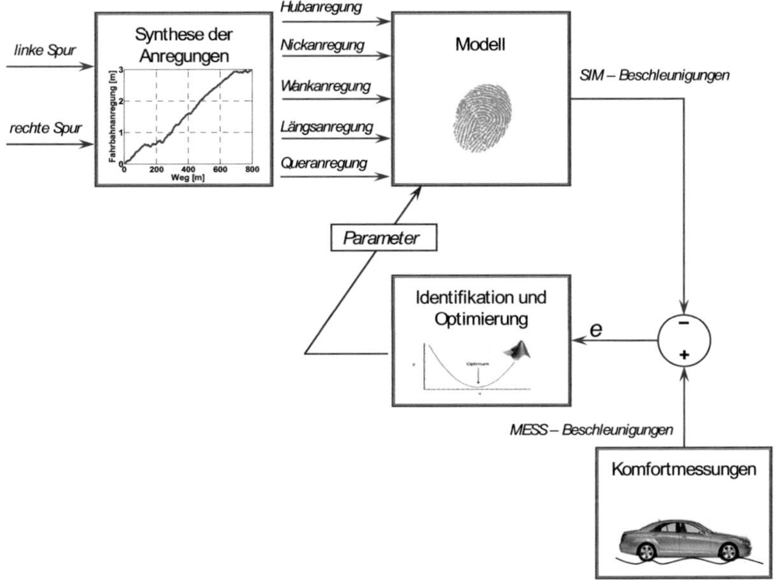

Abb.4.16: Vorgehensweise zur Parameteroptimierung der
Ansatzfunktionen anhand von Messdaten und

Nach der Berechnung der Anregungsarten werden die Ansatzübertragungsfunktionen identifiziert. Deren Parameter werden so lange unter Berücksichtigung von Nebenbedingungen iterativ optimiert, bis die in der Optimierung festgelegten Abbruchkriterien erreicht werden. Im nächsten Kapitel werden die Ergebnisse vorgestellt und interpretiert.

An dieser Stelle sei darauf hingewiesen, dass mit Hilfe der Ansatzfunktionen (4.37) eine Identifikation der Aufbaugeschwindigkeit bzw. der Aufbauposition möglich ist, indem man die Ansatzfunktionen einmal bzw. zweimal integriert. Im Frequenzbereich bedeutet dies eine Multiplikation mit der Laplace-Transformierten s^{-1} für die Aufbaugeschwindigkeit bzw. s^{-2} für die Aufbauposition. Dabei bleiben die bereits identifizierten Parameter konstant.

Die Bewertung des Schwingungskomforts erfolgt üblicherweise anhand der Aufbaubeschleunigungen. Aufgrund dessen beschränken sich die im nächsten Kapitel vorgestellten Ergebnisse auf die Aufbaubeschleunigungen.

5 Schwingungsübertragungsverhalten (SÜV) eines Fahrzeugs

In diesem Kapitel werden anhand von SFP-Messdaten die ersten Voruntersuchungen des entwickelten Systemansatzes durchgeführt. Dabei wird ermittelt, welche bestmögliche Übereinstimmung zwischen Messung und Simulation bei einer Komfortfahrt auf einer Komfortstrecke zu erwarten ist. Um das Spektrum der Einsatzmöglichkeiten des Systemansatzes zu untersuchen, werden Fahrkomfortmessungen auf relevanten Komfortstrecken mit einem Versuchsträger (interne Bezeichnung 221) aufgenommen, bei dem durch eine Reglerwahl ein passives Fahrwerk, ein voll geregeltes Fahrwerk und ein voll geregeltes Fahrwerk mit Vorausschau realisiert werden kann (vgl. Abb.5.40). Anschließend werden die Ergebnisse zur anregungsabhängigen Charakterisierung des Schwingungsübertragungsverhaltens des Versuchsträgers mit passivem, voll geregeltem und voll geregeltem Fahrwerk mit Vorausschau präsentiert und analysiert. Da der Schwingungskomfort eines Fahrzeugs unabhängig von der Fahrbahnanregung charakterisiert werden soll, wird ein Offline-Validierungsverfahren entwickelt und vorgestellt. Angesichts der geringen Rechenzeit des Systemansatzes, wird ein zweites Online-Validierungsverfahren entwickelt. Die erreichte Genauigkeit zwischen Messung und Prognose sowie die Vor- und Nachteile der beiden Validierungsverfahren werden diskutiert. Die Interpretation der im Rahmen dieser Arbeit vorgestellten Ergebnisse anhand von spezifischen Fahrzeugzuständen, Fahrzeugeigenschaften und Komfortstrecken bildet den Abschluss dieses Kapitels.

5.1 Voruntersuchung des Systemansatzes anhand von SFP-Messdaten

Wie bereits in Kapitel 2 erwähnt, eignen sich die SFP-Messungen zur ersten Verifizierung der Prozesskette des vorerst anregungsabhängigen Schwingungsübertragungsverhaltens besonders gut. Um diese Prozesskette untersuchen zu können, wurden drei Fahrzeuge unterschiedlicher Baureihen auf einer SFP-Anlage vermessen. Das erste Fahrzeug besitzt eine Stahlfeder und einen verstellbaren Dämpfer. Seine interne Bezeichnung lautet 1808. Sowohl im zweiten Fahrzeug mit der internen

Bezeichnung 1727 als auch im dritten Fahrzeug entsprechend 889 sind eine Luftfeder und ein geregelter Dämpfer verbaut (vgl. Abb.5.40).

Als Anregung wurde die im Kapitel 3 vorgestellte Komfortstrecke_1 verwendet. Durch die Variation des Zeitverzugs zwischen der Vorder- und der Hinterachse lässt sich die gewünschte Fahrzeuggeschwindigkeit einstellen. Diese bestimmt maßgeblich die Wechselwirkungen zwischen der Vorder- und der Hinterachse (siehe Kapitel 3). Die drei Fahrzeuge wurden bei Geschwindigkeiten von 50 bis 90km/h in Zehnerschritten vermessen.

Um einen Eindruck zu erhalten, welche bestmögliche Übereinstimmung zwischen Messung und Simulation aus einer Komfortmessung auf der Straße erwartet werden kann, werden die SFP-Messungen der drei Fahrzeuge hinsichtlich der Kohärenz zwischen der Anregung und der Aufbaubeschleunigung analysiert. Da die Identifikation mit Hilfe linearer Ansatzfunktionen erfolgt, wird der Datensatz mit dem besten Kohärenzverlauf zur Voruntersuchung des entwickelten Systemansatzes herangezogen.

In Abb.5.1 sind die Kohärenzverläufe jeweils zwischen der Hubanregung und der Hubbeschleunigung, der Nickanregung und der Nickbeschleunigung bzw. der Wankanregung und der Wankbeschleunigung der drei Fahrzeuge dargestellt. Die Anregungen und die Beschleunigungen wurden wie im Kapitel 4 bereits gezeigt aus den SFP-Messdaten berechnet.

In Abb. 5.1 ist deutlich erkennbar, dass die Kohärenz zwischen der Nickanregung und der Nickbeschleunigung des Fahrzeugs 889 am höchsten ist.

Im Kapitel 3 wurde bereits die Auswirkung einer nicht linearen Dämpferkennlinie gezeigt und analysiert. Die drei Fahrzeugen zeigen sehr ähnliche Kohärenzverläufe zwischen der entsprechenden Anregung und der dazugehörigen Aufbaubeschleunigungen, obwohl im Fahrzeug 1808 ein verstellbarer Stoßdämpfer bzw. im Fahrzeug 1727 und ebenfalls im 889 ein geregelter Stoßdämpfer verbaut sind. Die ähnlichen Kohärenzverläufe zwischen der Anregung und der Aufbaubeschleunigung (vgl. Abb.3.8 und Abb.5.1) lassen darauf schließen, dass eine anregungsabhängige Approximation des Schwingungsübertragungsverhaltens von Fahrzeugen mit verstellbarem bzw. geregeltem Stoßdämpfer ebenfalls sehr gut möglich wäre.

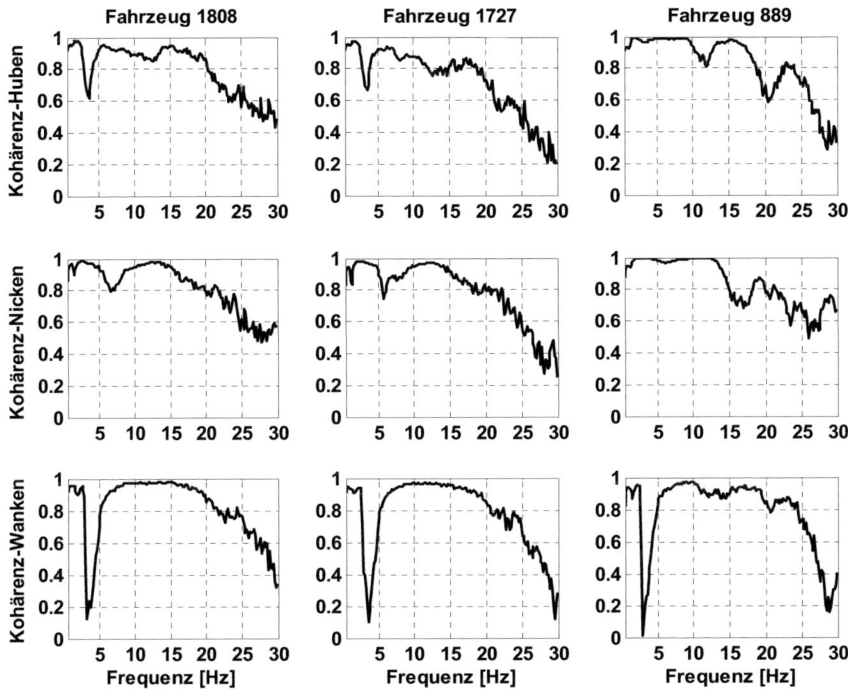

Abb.5.1: Kohärenzverläufe jeweils zwischen der Hubanregung und der Hubbeschleunigung, der Nickanregung und der Nickbeschleunigung bzw. der Wankanregung und der Wankbeschleunigung der drei auf der SFP-Anlage vermessenen Fahrzeuge

Die Identifikation der Übertragungsfunktion zwischen der Nickanregung und der Nickbeschleunigung des Fahrzeugs 889 erfolgt zuerst aus der mit 50km/h aufgenommenen SFP-Messung. Abb.5.2 zeigt das Ergebnis der optimierten Ansatzfunktion. Sowohl der Amplitudengang als auch der Phasengang stimmen mit dem gemessenen Amplituden- und Phasengang sehr gut überein. Der Kohärenzverlauf wurde zwischen der berechneten und der gemessenen Nickbeschleunigung berechnet und ist identisch mit dem in Abb.5.1 dargestellten Kohärenzverlauf, da die Abweichung von der Linearität in beiden Fällen aus dem tatsächlichen Übertragungsverhalten stammt.

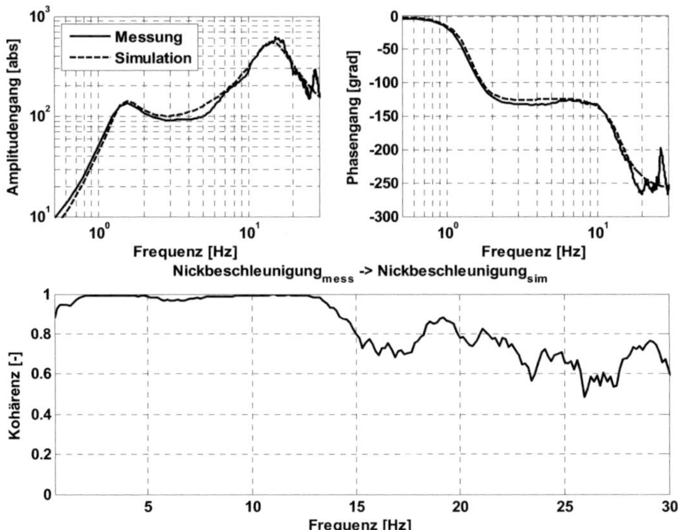

Abb.5.2: Optimierte und gemessene Nick-Übertragungsfunktion
des Fahrzeugs 889 im Vergleich

Wie schon gezeigt, lässt sich anhand der Kohärenz der Frequenzgehalt zweier Signale miteinander vergleichen. Sie ist somit zur Bewertung der erreichten Genauigkeit notwendig aber nicht ausreichend. Zusätzlich muss die Intensität der Signale bewertet werden. Mit Hilfe der identifizierten Übertragungsfunktion lässt sich aus der Nickanregung die Nickbeschleunigung berechnen und daraus die Autoleistungsdichtespektren (Abb.5.3). Um eine bessere Interpretierbarkeit zu erzielen, werden die Autoleistungsdichtespektren auf Amplitudenspektren umgerechnet, so dass die Einheiten der PSD-Hub-, PSD-Längs- und PSD-Querbeschleunigung $\left(m/s^2\right)/Hz$ bzw. der PSD-Nick- und PSD-Wankbeschleunigung $\left(rad/s^2\right)/Hz$ sind.

Die Übereinstimmung zwischen der Messung und der Simulation bis 13Hz ist hervorragend. Ab 13Hz kommt es zu Abweichungen.

Um die Übereinstimmung zwischen Messung und Simulation quantifizieren zu können, wird mit Hilfe der VDI2057-Bewertung ein Gütemaß eingeführt. Dieses wird als die Differenz zwischen den beiden frequenzgewichteten Amplitudenspektren der Hubbeschleunigung definiert.

$$\Delta_{Simulation}^{Messung} = a_{wz}^{Messung} - a_{wz}^{Simulation} \tag{5.1}$$

Da die Wahrnehmungsschwelle des Menschen nach VDI2057 nur in vertikaler z-Richtung gültig ist, wird im Folgenden die Bewertung hauptsächlich auf die Hubbeschleunigung beschränkt. Um tragfähige Aussage bzgl. der erreichten Genauigkeit des Systemansatzes treffen zu können, muss das zu erreichende Gütemaß unter der Wahrnehmungsschwelle des Menschen liegen.

Zur frequenzabhängigen Gewichtung der Amplitudenspektren wird die aus [106] bekannte Gewichtungskurve W_k in Vertikalrichtung herangezogen. Die Frequenzgewichtung in Längsrichtung (x-Richtung) bzw. in Querrichtung (y-Richtung) erfolgt mit der Bewertungskurve W_D. Die Rotation wird mit W_e bewertet. Nach (5.2) lässt sich der Effektivwert $a_{wz}(f)$ in Vertikalrichtung ermitteln:

$$a_{wz} = \sqrt{2 \cdot \left(\sum_{i=1}^{n} \sqrt{S_{xx,i} \cdot \Delta f_i} \cdot W_{k,i} \right)} \tag{5.2}$$

Wobei S_{xx} das Autoleistungsdichtespektrum und Δf die Auflösung bzw. n die Anzahl der Stützstellen im Frequenzbereich sind.

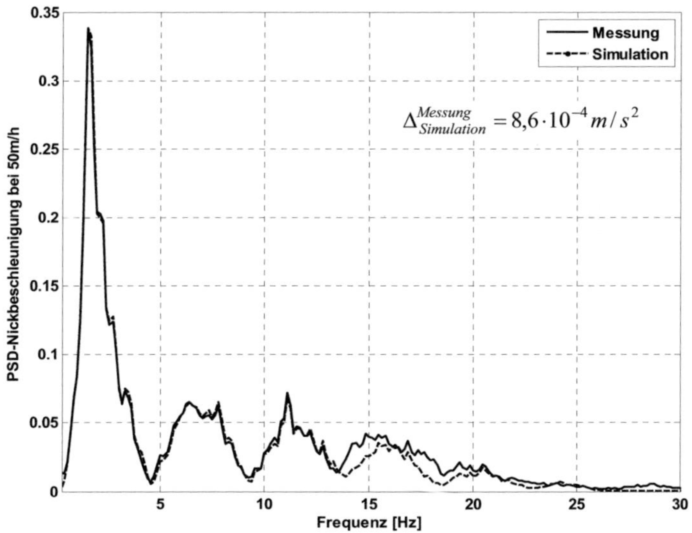

Abb.5.3: Simulierte und gemessene Amplitudenspektren
der Nickbeschleunigung des Fahrzeugs 889 im Vergleich

Zwischen den in Abb.5.3 dargestellten Amplitudenspektren ergibt sich nach VDI2057-Bewertung eine Differenz von $\Delta_{Simulation}^{Messung} = 8{,}6 \cdot 10^{-4}\,m/s^2$.

Da die identifizierte Übertragungsfunktion eine kontinuierliche Funktion ist, sind nicht nur Auswertungen im Frequenzbereich sondern auch im Zeitbereich möglich. In Abb.5.4 sind die bei 50km/h gemessene Nickbeschleunigung und die simulierte Nickbeschleunigung im Vergleich dargestellt.

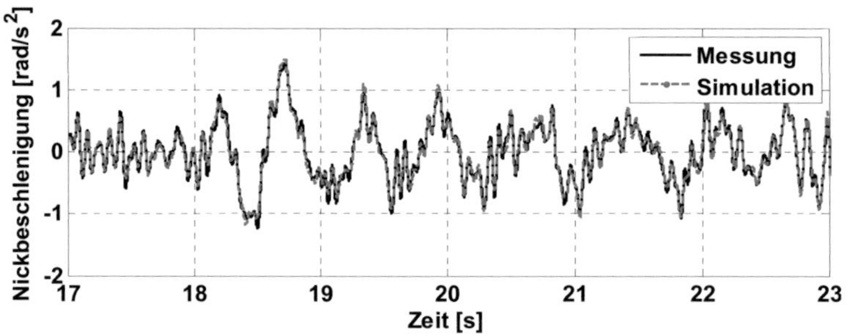

Abb.5.4: Vergleich der Zeitauswertung der bei 50km/h gemessenen und
der simulierten Nickbeschleunigung des Fahrzeugs 889

Da die Geschwindigkeitsabhängigkeit in der Anregung implementiert ist (siehe Kapitel 4), kann die bei 50km/h optimierte Übertragungsfunktion zur Berechnung aller komfortrelevanten Geschwindigkeiten herangezogen werden. In Abb. 5.5 sind die prognostizierten Nickbeschleunigungen bei 70km/h und bei 90km/h sowie die gemessenen Nickbeschleunigungen im Vergleich dargestellt. Die Berechnung des Gütemaßes bei 70km/h ergibt $\Delta_{Simulation}^{Messung} = 0{,}004\,m/s^2$ bzw. bei 90km/h $\Delta_{Simulation}^{Messung} = 0{,}0045\,m/s^2$.

Die Abweichungen ergeben sich aus der Verschiebung der Anregungsspektren mit steigender Fahrzeuggeschwindigkeit. Diese Verschiebung führt dazu, dass die Anregung im hochfrequenten Bereich verstärkt wird. Das Resultat ist eine leichte Verschiebung des Dämpferarbeitsbereiches. Diese Abweichungen können durch die Vermessungen eines Fahrzeugs bei unterschiedlichen Geschwindigkeiten sehr gut kompensiert werden. Dies hat zur Folge, dass der Messaufwand enorm zunimmt bzw. die Kosteneffizienz stark abnimmt.

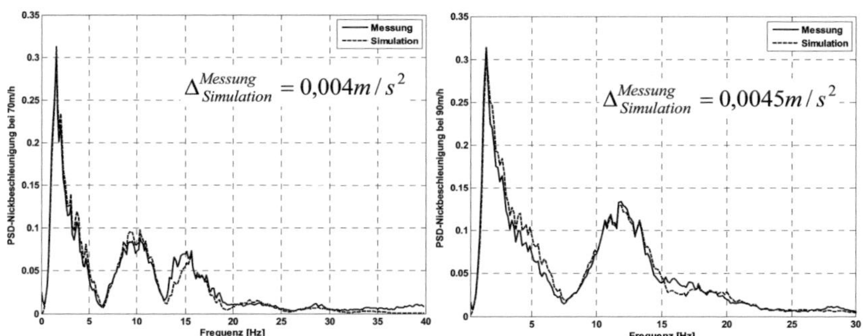

Abb.5.5: Amplitudenspektren der prognostizierten und gemessenen Nickbeschleunigungen bei 70km/h und bei 90km/h des Fahrzeugs 889 im Vergleich

Eine weitere Möglichkeit die Abweichungen zu minimieren, ist die Komfortvermessung eines Fahrzeugs mit einer mittleren Fahrzeuggeschwindigkeit durchzuführen. Diese ist von der niedrigsten bzw. der höchsten Fahrzeuggeschwindigkeit auf einer bestimmten, komfortrelevanten Strecke abhängig. Beispielsweise wird die Identifikation aus einer Komfortmessung zwischen 60km/h und 70km/h durchgeführt, falls die niedrigste komfortrelevante Fahrzeuggeschwindigkeit auf der Strecke bei 50km/h und die höchste Fahrzeuggeschwindigkeit bei 90km/h liegen. Dadurch können die Abweichungen bei hohen Fahrzeuggeschwindigkeiten minimiert werden, ohne die Qualität der prognostizierten Aufbaubeschleunigungen bei niedrigen Fahrzeuggeschwindigkeiten zu verschlechtern, da der Verlauf der Amplitudenspektren viel stärker durch die Nullstellen aufgrund der Interferenzen (siehe Kapitel 3) als durch kleine Abweichungen in der Amplitude geprägt ist.

Bezugnehmend auf Abb.5.1 wird ersichtlich, dass der Kohärenzverlauf zwischen der Hubanregung und der Hubbeschleunigung bei 4Hz bei zwei der drei Fahrzeuge relativ stark einbricht. Dies wirkt sich negativ auf die Identifikation und die anschließende Optimierung der Hubübertragungsfunktion aus. Abb.5.6 veranschaulicht die sich daraus ergebende Problematik. Es sind der gemessene und der identifizierte Amplituden- bzw. Phasengang im Vergleich dargestellt. Die Kohärenz wurde zwischen der gemessenen und der simulierten Hubbeschleunigung berechnet.

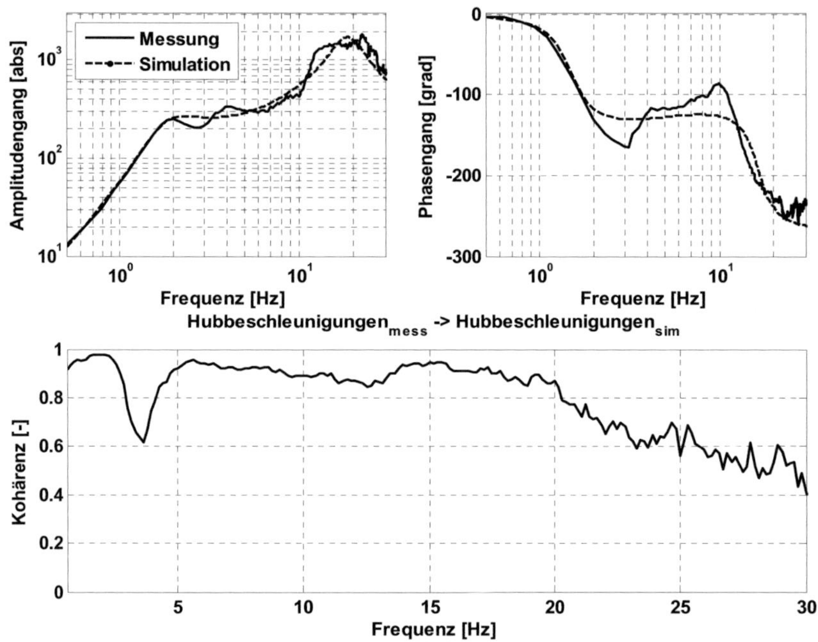

Abb.5.6: Optimierte und gemessene Hub-Übertragungsfunktion
des Fahrzeugs 1808 im Vergleich

Abb.5.7 zeigt die Amplitudenspektren der gemessenen und der simulierten
Hubbeschleunigung bei 50km/h und bei 90km/h. Es fällt auf, dass die Abweichungen
zwischen der gemessenen und der simulierten Hubbeschleunigung bei 50km/h größer
als die Abweichungen bei 90km/h sind. Dies liegt an den wenigen Nullstellen im
Amplitudenspektrum der Hubbeschleunigung bei 90km/h. Des Weiteren kann es auch
daran liegen, dass das Leistungsdichtespektrum der Hubanregung bei 90km/h in den
höheren Frequenzbereich verglichen mit dem Leistungsdichtespektrum der
Hubanregung bei 50km/h verschoben wurde.

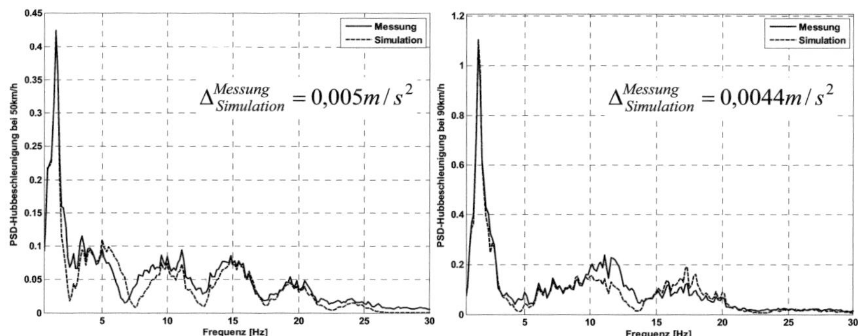

$$\Delta_{Simulation}^{Messung} = 0,005m/s^2 \qquad \Delta_{Simulation}^{Messung} = 0,0044m/s^2$$

Abb.5.7: Amplitudenspektren der prognostizierten und gemessenen
Hubbeschleunigungen bei 50km/h und bei 90km/h des Fahrzeugs 1808 im Vergleich

Rückblickend auf Abb.5.1 ist weiterhin ersichtlicht, dass der Kohärenzverlauf zwischen der Wankanregung und der Wankbeschleunigung bei 4Hz noch stärker als der Kohärenzverlauf zwischen der Hubanregung und der Hubbeschleunigung einbricht. Abb.5.8 zeigt die gemessenen und die simulierten Wankbeschleunigungen bei 50km/h und bei 90km/h des Fahrzeugs 1808 im Vergleich. Es fällt die gute Übereinstimmung zwischen der Messung und der Simulation bei 50km/h im hochfrequenten Bereich auf. Die Amplitude in der 50km/h Messung wird bei 5Hz durch die Simulation deutlich unterschätzt. Die Abweichungen zwischen der Messung und der Simulation bei 90km/h sind deutlich größer als bei 50km/h. Der Verlauf des Amplitudenspektrums der Wankbeschleunigung bei 90km/h wird zwischen 3Hz und 6Hz in der Simulation nicht wiedergegeben.

Aufgrund der Verschlechterung der Übereinstimmung zwischen der gemessenen und der simulierten Hubbeschleunigung bzw. der gemessenen und simulierten Wankbeschleunigungen ist es notwendig, die Ursache für den Einbruch zu untersuchen und ihre Relevanz bzgl. der Fahrkomfortbewertung auf komfortrelevanten Strecken zu analysieren.

Die Berechnung des Gütemaßes bei 50km/h ergibt $\Delta_{Simulation}^{Messung} = 0,005m/s^2$ bzw. bei 90km/h $\Delta_{Simulation}^{Messung} = 0,0044m/s^2$. Nach der VDI2057-Bewertungstabelle liegen diese Differenzen deutlich unter der Wahrnehmungsschwelle des Menschen.

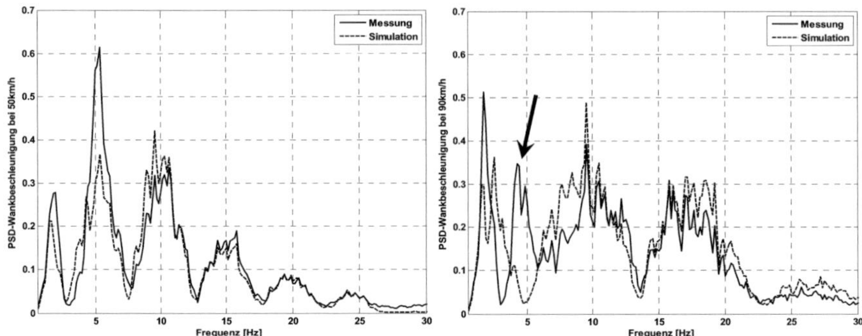

Abb.5.8: Amplitudenspektren der gemessenen und der simulierten
Wankbeschleunigungen bei 50km/h und bei 90km/h des Fahrzeugs 1808 im Vergleich

Da der Einbruch des Kohärenzverlaufs zwischen der Wankanregung und der
Wankbeschleunigung am stärksten ist, werden die Amplitudenspektren der
Wankbeschleunigung aus der SFP-Messung mit 50km/h und mit 90km/h des
Fahrzeugs 1808 genauer analysiert (Abb.5.8). Werden die beiden Amplitudenspektren
der gemessenen Wankbeschleunigungen miteinander verglichen, stellt man fest, dass
in den beiden Auswertungen ein Peak bei etwa 4Hz zu sehen ist. Dieser ist
unverändert geblieben, obwohl er bei steigender Fahrzeuggeschwindigkeit hätte
wandern müssen. Dies bedeutet, dass dieser Peak eine Eigenfrequenz des Fahrzeugs
darstellt. Weiterhin fällt auf, dass alle drei auf der SFP-Anlage vermessenen
Fahrzeuge bei 4Hz einen sehr ähnlichen Kohärenzeinbruch zwischen der
Wankanregung und der Wankbeschleunigung aufweisen.

Die ersten Voruntersuchungen deuten darauf hin, dass diese Eigenfrequenz durch
das Schwingen des Fahrzeugs in den Reifen entstehen könnte. Dies lässt sich durch
eine einfache Rechnung überprüfen. Die drei Fahrzeuge besitzen eine Leermasse
zwischen 1650kg und 1950kg. Setzt man eine mittlere Fahrzeugmasse $m_{Fzg} = 1800kg$
und eine mittlere Reifensteifigkeit $c_R = 280000N / m$ in (5.3) ein, ergibt sich eine
Eigenfrequenz von etwa 4Hz. Sie kann abhängig vom Reifendruck, Sport- bzw.
Komfortreifen, Fahrzeugbeladung etc. unter- bzw. oberhalb von 4Hz liegen. Sie ist
nahezu immer im Bereich zwischen 3,5 und 4,5Hz zu finden.

$$f_o \cong \frac{\sqrt{\dfrac{c_R}{\dfrac{1}{4} m_{Fzg}}}}{2 \cdot \pi} \tag{5.3}$$

Diese Eigenfrequenz stellt sich aufgrund Verspannungen in der Achse ein. Daraus resultiert eine Erhöhung der Reibung im Dämpfer. Dabei hat auch die Tatsache, dass sich die Räder nicht drehen, einen großen Einfluss [105]. Dieser ergibt sich u.a. aus der quasi „festen" Verbindung zwischen der Latschfläche des Reifens und dem Kolben des Anregungszylinders.

Die Berechnung des mittleren Absolutwertes der Hub, Nick und Wankanregung ergibt $|z_{hub}| = 6{,}5mm$, $|z_{nick}| = 3{,}4mm$ und $|z_{wank}| = 1{,}2mm$. Hiernach ist die Amplitude der Wankanregung im Schnitt um den Faktor 5 geringer als die Amplitude der Hubanregung. Die Wankanregung ist somit so klein, dass sie die Wankbeschleunigung nicht beeinflussen kann. Die Wankbeschleunigung ist bei 4Hz durch die Änderung des dynamischen Systemverhaltens (Eigenschwingungen) geprägt. Anhand der Kohärenz zwischen der Wankanregung und der Wankbeschleunigung lässt sich dies verdeutlichen.

Während einer Fahrt auf einer Komfortstrecke treten solche Verspannungen nicht auf. In Abb.5.9 sind die Amplitudenspektren der Hub-, Nick- und Wankbeschleunigung dargestellt. Diese wurden an der Fahrersitzschiene bei einer Fahrzeuggeschwindigkeit von 90km/h aufgenommen. Beim Versuchsfahrzeug handelte es sich um ein Fahrzeug derselben Baureihe wie das Fahrzeug 1808. Wie deutlich zu sehen ist, stellt sich keine Eigenfrequenz bei 4Hz ein. Somit fallen diese Verspannungen während einer Bewertungsfahrt auf einer Komfortstrecke nicht ins Gewicht.

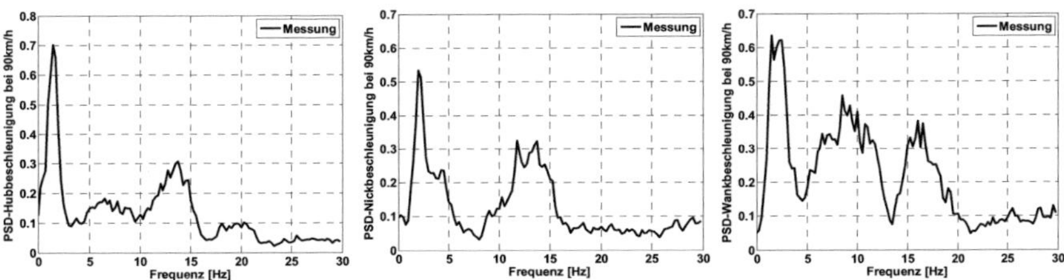

Abb.5.9: Amplitudenspektren der Hub-, Nick- und Wankbeschleunigung, gemessen auf der Komfortstrecke_1 bei einer Fahrzeuggeschwindigkeit von 90km/h

Da das Ziel dieser Arbeit ist, einen Systemansatz zur Charakterisierung des Schwingungskomforts eines Fahrzeugs auf komfortrelevanten Strecken zu entwickeln und dessen Genauigkeit in Bezug auf das Schwingungsempfinden zu untersuchen, werden die auf der SFP-Anlage auftretenden Verspannungen nicht weiter untersucht.

Zusammenfassend lässt sich anhand der Voruntersuchungen festhalten, dass die Differenz zwischen den Amplitudenspektren der simulierten und gemessenen Aufbaubeschleunigungen deutlich unter der Wahrnehmungsgrenze des Menschen liegt. Diese Übereinstimmung wird nur unter der Vorraussetzung erreicht, dass in den Achsen keine Verspannungen auftreten. Diese Voraussetzung wird während einer Komfortfahrt erfüllt.

5.2 SÜV eines Fahrzeugs anhand ausgewählter Fahrkomfortstrecken

Zur Ermittlung des Schwingungsübertragungsverhaltens aus Straßenmessfahrten stand ein Versuchsträger (interne Bezeichnung 221) mit einem aktiven Fahrwerk zur Verfügung. Das aktive Fahrwerk ist unter dem Markenname Active Body Control (ABC) bekannt. Im Versuchsträger wurde zusätzlich ein Regler mit Vorausschau implementiert. Er benutzt die Fahrbahnhöhe, um die Aufbaubeschleunigungen durch eine Vorkonditionierung und Regelung des Fahrwerks zu minimieren (siehe Forschungsfahrzeug F700).

Durch die Aktivierung bzw. die Deaktivierung unterschiedlicher Regler lassen sich die Komforteigenschaften des Versuchsträgers sehr stark variieren. Somit kann untersucht werden, ob der im Rahmen dieser Arbeit entwickelte Systemansatz zur Charakterisierung des Schwingungskomforts eines Fahrzeugs mit einem aktiven Fahrwerk eingesetzt werden kann.

Weiter wird an dieser Stelle darauf hingewiesen, dass die nachfolgenden Ergebnisse immer aus einer Fahrkomfortmessung bei konstanter Fahrzeuggeschwindigkeit erzielt werden. Eine Mittelung über mehrere Fahrkomfortmessungen auf derselben Strecke bei gleicher Fahrzeuggeschwindigkeit kann die Güte der Optimierung verbessern, da mehrere Datensätze zur Optimierung herangezogen werden und somit Messunstimmigkeiten leichter erkannt werden können. Darauf wird aus Effizienzgründen verzichtet, falls die erreichte Genauigkeit des Systemansatzes unter der Wahrnehmungsschwelle des Menschen liegt.

5.2.1 SÜV des Fahrzeugs mit passivem Fahrwerk

Die Deaktivierung des Fahrwerksreglers führt zu einem konventionellen (passiven) Fahrwerk. In dieser Stellung wurden Komfortmessfahrten auf den aus Kapitel 3 bekannten Strecken (Komfortstrecke_1 bzw. Komfortstrecke_2) durchgeführt. Es wurden jeweils drei unterschiedliche Geschwindigkeiten 50km/h, 70km/h und 90km/h gefahren. Zur anregungsabhängigen Charakterisierung des Schwingungs-übertragungsverhaltens wird die Komfortmessung mit 70km/h verwendet. Die Komfortmessungen mit 50km/h und mit 90km/h werden zur Validierung (siehe Abschnitt 5.3) herangezogen.

In Abb.5.10 sind die Amplitudenspektren der gemessenen und der simulierten Hubbeschleunigung aus der Fahrkomfortmessung auf der Komfortstrecke_1 im Vergleich dargestellt. Die simulierte Hubbeschleunigung wurde mit Hilfe der identifizierten Übertragungsfunktion berechnet. Die berechnete Differenz nach (5.1) zwischen der simulierten und der gemessenen Hubbeschleunigungen liegt bei $\Delta_{Simulation}^{Messung} = 0,0017 m/s^2$. Dieser Wert liegt etwa um den Faktor neun unter der Wahrnehmungsschwelle des Menschen.

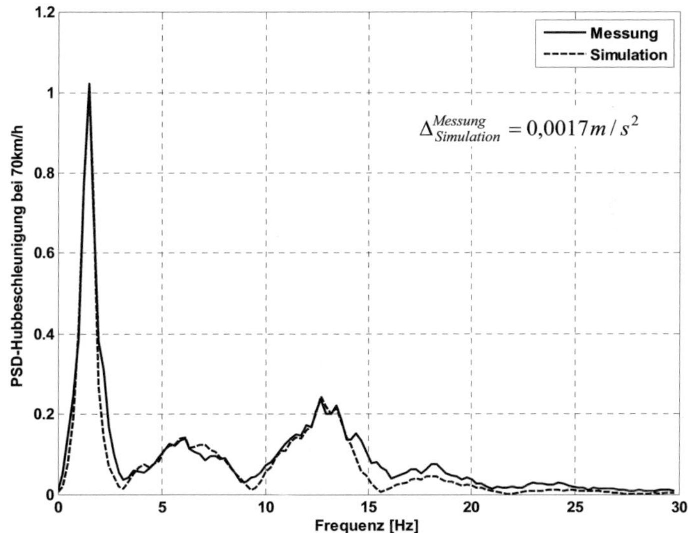

Abb.5.10: Amplitudenspektren der gemessenen und der simulierten Hubbeschleunigung, Messung bei 70km/h mit deaktiviertem Regler auf der Komfortstrecke_1

Aufgrund der fehlenden Interferenzen zwischen der Vorder- und der Hinterachse in der Längsbeschleunigung (vgl. Abb.5.11) wurden Voruntersuchungen zur Ermittlung des Transferpfades zwischen der Längsanregung und der Längsbeschleunigung durchgeführt. Diese Voruntersuchungen zeigten, dass die Längsanregung der Vorderachse bei der Entstehung der Längsbeschleunigung viel stärker ins Gewicht als die der Hinterachse fällt. Aufgrund dieser Erkenntnis werden die hinteren Fahrbahnanregungen z_{shl} und z_{shr} in (4.21) um den Faktor zehn verkleinert. Dieser wurde aus einem Vergleich von vier Komfortmessfahrten bei einer Fahrzeuggeschwindigkeit von 70km/h auf vier verschiedenen Komfortstrecken ermittelt.

Abb.5.11 zeigt die Amplitudenspektren der Nick-, Wank-, Längs- und Querbeschleunigungen in Simulation und Messung. Die Übereinstimmung zwischen Messung und Simulation ist mit der Übereinstimmung zwischen den Hubbeschleunigungsspektren vergleichbar.

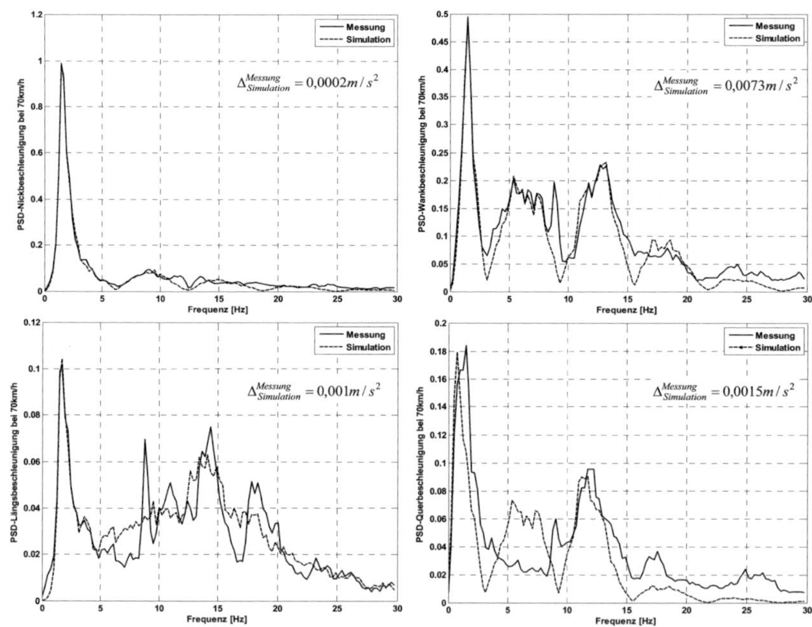

Abb.5.11: Amplitudenspektren der gemessenen und der simulierten Nick-, Wank-, Längs-, und Querbeschleunigung, Messung bei 70km/h mit deaktiviertem Regler auf der Komfortstrecke_1

Die Form der Übertragungsfunktionen zwischen der Längsanregung (4.21) und der Längsbeschleunigung bzw. zwischen der Queranregung (4.22) und der Querbeschleunigung ist aus (4.38) bekannt. Die Startparameter der Längs- und der Querübertragungsfunktion werden aus den Messdaten identifiziert.

Die Anregungsintensität der Komfortstrecke_2 ist deutlich geringer als die der Komfortstrecke_1. Die Komfortstrecke_2 liegt bzgl. ihrer Anregungsintensität etwa in der Mitte verglichen mit den gängigen Komfortbewertungsstrecken. Daher wird untersucht, ob sich die Güte der Identifikation mit der Abnahme der Anregungsintensität verändert.

In Abb.5.12 ist das Amplitudenspektrum der gemessenen und der simulierten Hubbeschleunigung auf der Komfortstrecke_2 im Vergleich dargestellt. Die Genauigkeit der gemessenen gegenüber der simulierten Hubbeschleunigung ist im Vergleich zu Abb.5.10 unverändert geblieben. Dies deutet darauf hin, dass ein passives Fahrwerk bei jeder Fahrbahnanregung mit einem konstant bleibenden Gütemaß identifiziert bzw. validiert werden kann. Die Differenz nach (5.1) liegt ebenfalls bei $\Delta^{Messung}_{Simulation} = 0,0017 m/s^2$.

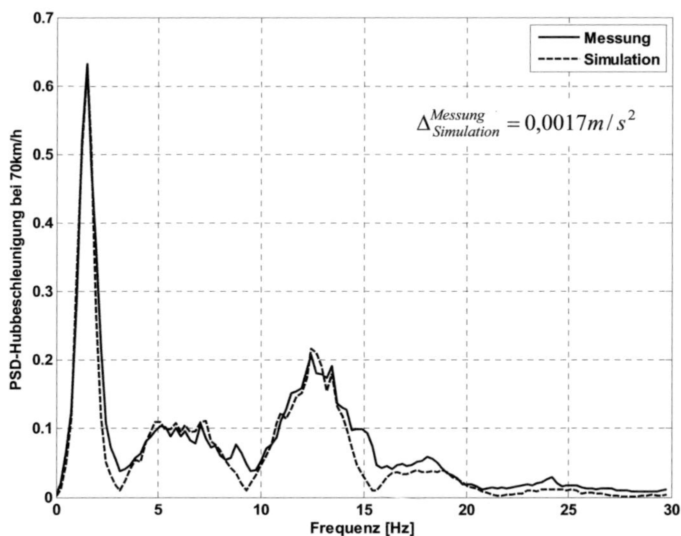

Abb.5.12: Amplitudenspektren der gemessenen und der simulierten Hubbeschleunigung, Messung bei 70km/h mit deaktiviertem Regler auf der Komfortstrecke_2

Anders sieht dies beim Vergleich der gemessenen und der simulierten Längsbeschleunigung bzw. der gemessenen und der simulierten Querbeschleunigungen (Abb.5.13) aus. Es ist ersichtlich, dass die Abnahme der Anregungsintensität zu einer Verbesserung der Übereinstimmung der gemessenen mit den simulierten Längs- bzw. Querbeschleunigungen führt. Dies kann mit einer besseren, linearen Approximation des Fahrwerksübertragungsverhaltens in Längs- und Querrichtung aufgrund der kleineren Anregungsamplituden zusammenhängen. Die Güte der Übereinstimmung der Nick- bzw. der Wankbeschleunigung bleibt bei einer Abnahme der Anregungsintensität etwa konstant.

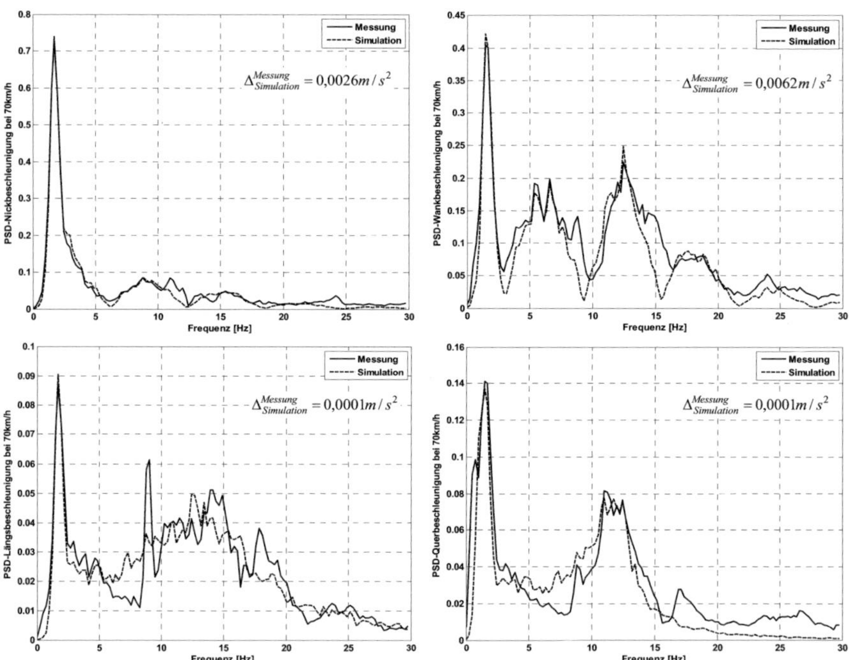

Abb.5.13: Amplitudenspektren der gemessenen und der simulierten Nick-, Wank-, Längs-, und Querbeschleunigung, Messung bei 70km/h mit deaktiviertem Regler auf der Komfortstrecke_2

Zusammenfassend lässt sich festhalten, dass die anregungsabhängige Charakterisierung des Schwingungsübertragungsverhaltens eines Fahrzeugs mit passivem Fahrwerk möglich ist. Anhand der VDI2057-Bewertungstabelle für die Vertikalrichtung wurde gezeigt, dass die Abweichungen zwischen der simulierten und der gemessenen Hubbeschleunigungen unter der Wahrnehmungsschwelle des Menschen liegen. Die Abweichungen zwischen der simulierten und gemessenen Nick-, Wank-, Längs- und Querbeschleunigungen liegen ebenfalls in der gleichen Großenordnung wie die Hubbeschleunigungen. Diesen kann aufgrund fehlender Bewertungstabellen keine Wahrnehmungsschwelle zugeordnet werden.

5.2.2 SÜV des Fahrzeugs mit geregeltem Fahrwerk

Das ABC-Fahrwerk ist ein voll geregeltes, aktives Fahrwerk. Dies bedeutet, dass sowohl die Aufbaufeder als auch der Aufbaudämpfer stufenlos in allen vier Quadranten geregelt werden können. Liefert die Identifikation ausreichend gute Ergebnisse, so dass die anschließende Simulation mit der Messung gut übereinstimmt, kann ein beliebiges Fahrwerk besser identifiziert werden, da dieses in der Regel einen verstellbaren bzw. geregelten Stoßdämpfer besitzt und somit nur in zwei Quadranten arbeitet.

Analog der Vorgehensweise aus dem vorherigen Abschnitt wurden Komfortmessfahrten bei aktiviertem Regler des ABC-Fahrwerks auf der Komfortstrecke_1 durchgeführt. Die anregungsabhängige Charakterisierung des Übertragungsverhaltens erfolgt aus der Fahrkomfortmessung mit 70km/h. Anhand der mit 50km/h und der mit 90km/h aufgenommenen Fahrkomfortmessung wird die Geschwindigkeitsvalidierung im Abschnitt 5.3 durchgeführt.

In Abb.5.14 sind Amplitudenspektren der mit Zuhilfenahme der identifizierten Übertragungsfunktion simulierten Hubbeschleunigung und der gemessenen Hubbeschleunigung im Vergleich dargestellt. Die Übereinstimmung zwischen der Messung und der Simulation ist wie beim passiven Fahrwerk sehr gut. Die Differenz nach (5.1) ergibt sich zu $\Delta_{Simulation}^{Messung} = 0,0027 m/s^2$ und ist somit etwas höher als die bei einem Fahrzeug mit passivem Fahrwerk. Die Differenz liegt immer noch etwa um den Faktor sechs unter der Wahrnehmungsschwelle des Menschen.

An der Stelle wird festgehalten, dass das Schwingungsverhalten eines Fahrzeugs mit voll geregeltem Fahrwerk anregungsabhängig sehr gut mit linearen Übertragungsfunktionen approximierbar ist. Die gute Übereinstimmung zwischen

Simulation und Messung lässt sich mit der sehr guten Reproduzierbarkeit der Aufbaubeschleunigungen auf derselben Komfortstrecke erklären. Hiernach werden die Hub-, Nick- und Wankaufbaubewegungen bei gegebener Anregungsamplitude durch den Fahrwerksregler immer um den gleichen Faktor reduziert, so dass sich beispielsweise bei wiederholten Messfahrten mit konstanter Fahrzeuggeschwindigkeit die gleichen Amplitudenspektren ergeben. Diese lassen sich dann anregungsabhängig sehr gut approximieren.

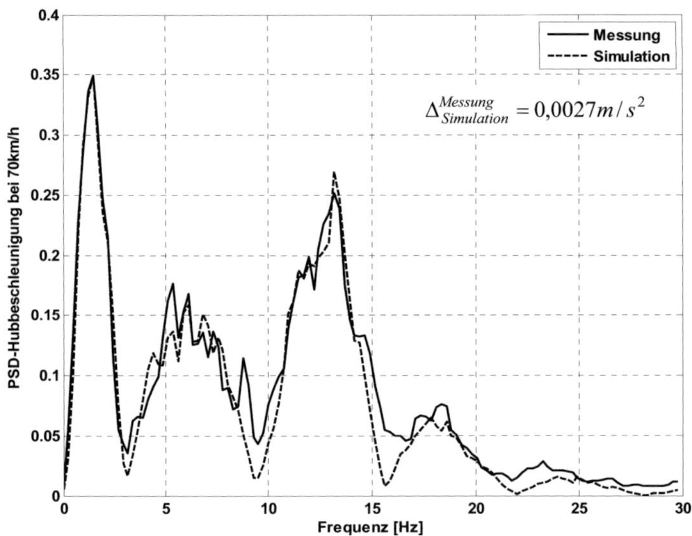

Abb.5.14: Amplitudenspektren der gemessenen und der simulierten Hubbeschleunigung, Messung bei 70km/h mit aktiviertem Regler auf der Komfortstrecke_1

Die Amplitudenspektren der gemessenen und der simulierten Nick-, Wank-, Längs-, und Querbeschleunigung sind in Abb.5.15 zu sehen. Die nach (5.1) berechneten Differenzen zwischen Simulation und Messung sind ebenfalls in Abb.5.15 dargestellt.

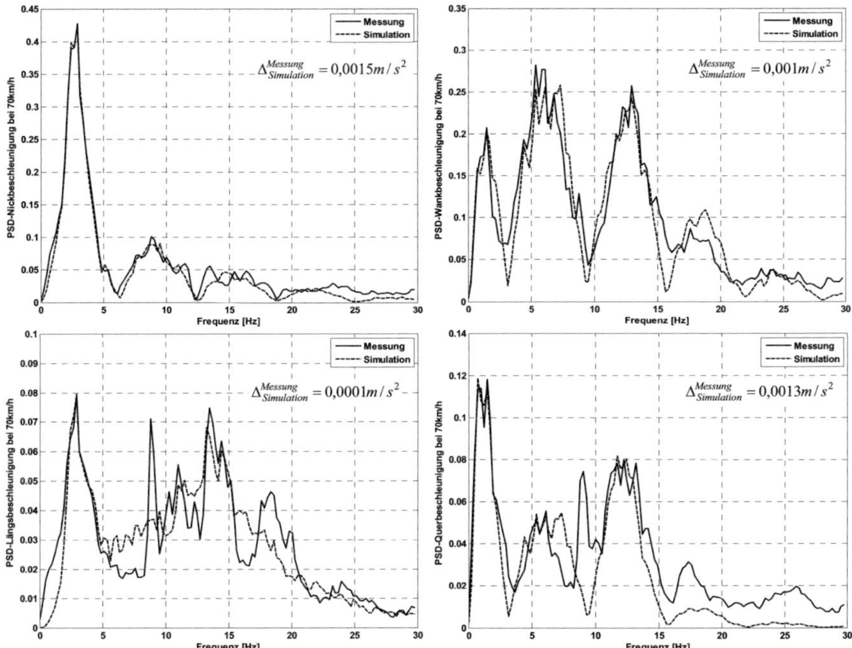

Abb.5.15: Amplitudenspektren der gemessenen und der simulierten Nick-, Wank-, Längs-,
und Querbeschleunigung, Messung bei 70km/h mit aktiviertem Regler
auf der Komfortstrecke_1

Mit der Abnahme der Anregungsintensität nimmt die Regleraktivität ebenso ab. Um zu untersuchen, ob sich die Abnahme der Regleraktivität auf die Güte der Identifikation auswirkt, wurde die mit 70km/h aufgenommene Fahrkomfortmessung auf der Fahrkomfortstrecke_2 herangezogen.

Die gemessene und die simulierte Hubbeschleunigung sind in Abb.5.16 dargestellt. Zwischen den Amplitudenspektren der simulierten und der gemessenen Hubbeschleunigung ergibt sich eine Differenz von $\Delta_{Simulation}^{Messung} = 0,001m/s^2$. Diese ist fast um den Faktor drei kleiner als die in Abb.5.14.

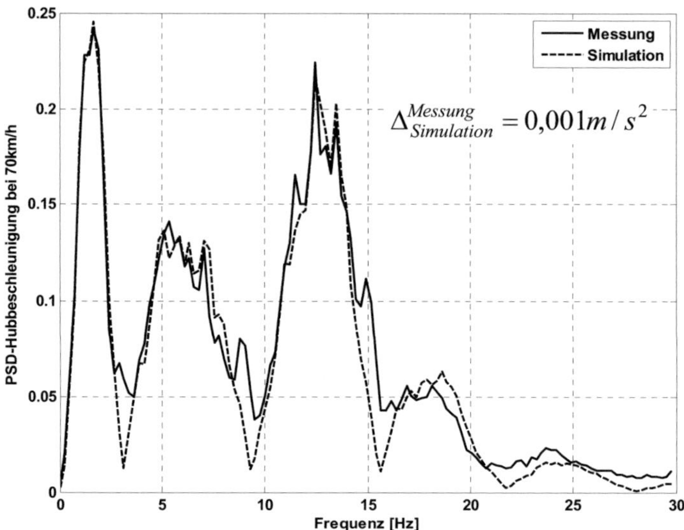

$$\Delta^{Messung}_{Simulation} = 0,001 m/s^2$$

Abb.5.16: Amplitudenspektren der gemessenen und der simulierten Hubbeschleunigung, Messung bei 70km/h mit aktiviertem Regler auf der Komfortstrecke_2

In Abb.5.17 sind die Amplitudenspektren der restlichen Aufbaubeschleunigungen zu sehen. Die Güte der Identifikation ist vergleichbar mit der in Abb.5.15. Es lässt sich keine Verbesserungstendenz eindeutig erkennen. Es fällt auf, dass die Identifikation der Wank- bzw. Längsbeschleunigungen schlechtere Ergebnisse als die in Abb.5.15 liefert. Dies kann an einem Zusammenspiel zwischen den im Vergleich zu Abb.5.15 niedrigeren Anregungsamplituden und den kleinen Verspannungen im Fahrwerk aufgrund der Regelaktivitäten liegen.

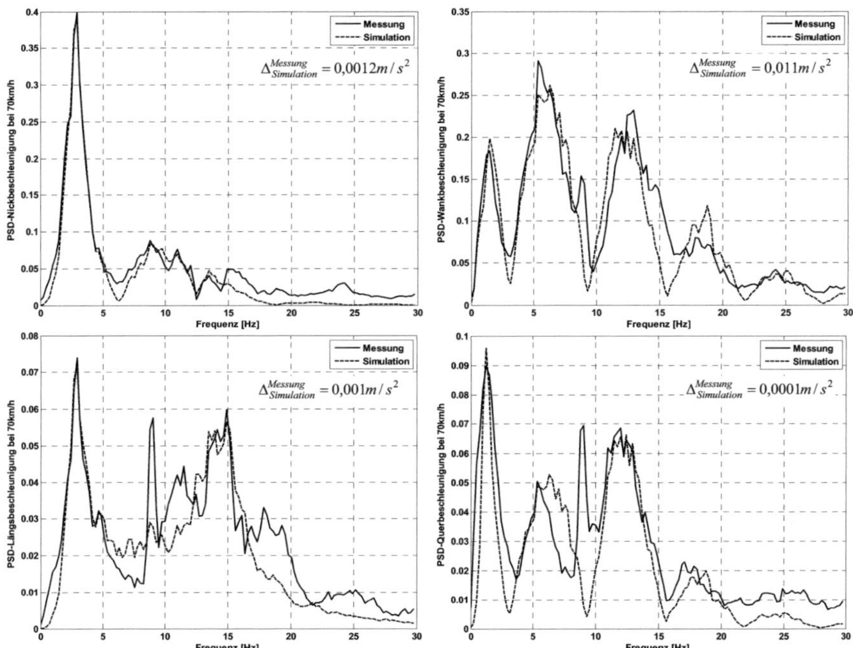

Abb.5.17: Amplitudenspektren der gemessenen und der simulierten Nick-, Wank-, Längs-, und Querbeschleunigung, Messung bei 70km/h mit aktiviertem Regler auf der Komfortstrecke_2

Die Identifikation des voll geregelten Fahrwerks erwies sich als unproblematisch. Der Vergleich zwischen den gemessenen und den simulierten Aufbaubeschleunigungen lässt erkennen, dass die Verläufe sehr gut wiedergegeben werden und die nach VDI2057 bewerteten Abweichungen in Vertikalrichtung deutlich unter der Wahrnehmungsschwelle des Menschen liegen.

Weiter ist festzuhalten, dass trotz der sehr geringen Längs- und Querbeschleunigungsamplituden die Identifikation möglich ist und die anschließende Simulation gute Ergebnisse liefert. Kleine Anregungsamplituden können die Identifikation begünstigen, da der sich darauf ergebende, „schmale" Arbeitsbereich der einzelnen Komponenten gut approximierbar ist. Der große Nachteil hierbei ist, dass sich kleine Anregungsamplituden auf das Verhältnis zwischen dem Nutzsignalanteil und dem

Rauschsignalanteil negativ auswirken und somit eine nachfolgende Optimierung sehr erschweren.

5.2.3 SÜV des Fahrzeugs mit geregeltem Fahrwerk mit Vorausschau

Im Nachfolgenden wird untersucht, ob ein Fahrzeug mit einem voll geregeltem Fahrwerk mit Vorausschau identifizierbar ist. Der Regler unterscheidet sich grundsätzlich in der Regelungsstrategie von den gängigen Reglern, denn er muss die Ursache für die durch die Straße zu Stande kommende Aufbauanregung bekämpfen und nicht die Auswirkung.

Abb.5.18 zeigt die Amplitudenspektren der gemessenen und der simulierten Hubbeschleunigungen im Vergleich. Die Identifikation erfolgt aus der mit 70km/h aufgenommenen Fahrkomfortmessung auf der Komfortstrecke_1 bei aktiviertem Regler mit Vorausschau des ABC-Fahrwerks. Es fällt auf, dass die Hubeigenfrequenz des Aufbaus in der Simulation etwas überschätzt wurde.

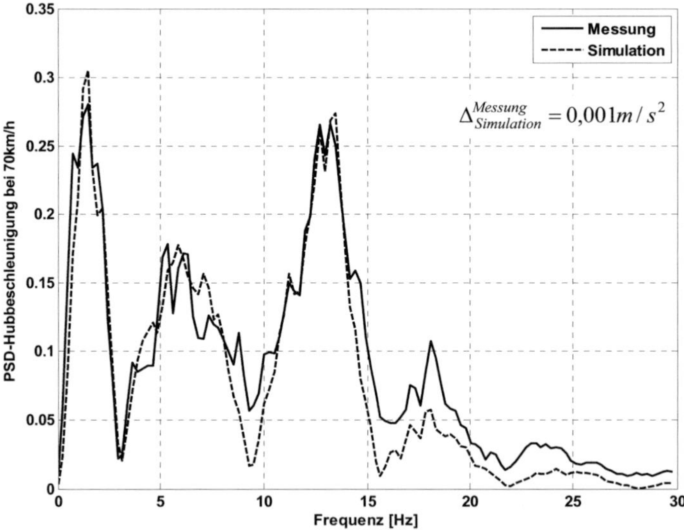

Abb.5.18: Amplitudenspektren der gemessenen und der simulierten Hubbeschleunigung, Messung bei 70km/h mit aktiviertem Regler mit Vorausschau auf der Komfortstrecke_1

Es ergibt sich eine Differenz zwischen der gemessenen und der simulierten Hubbeschleunigung von $\Delta_{Simulation}^{Messung} = 0,001 m/s^2$. Diese liegt unter der Wahrnehmungsschwelle des Menschen.

Die Amplitude der Nick-, bzw. der Wankeigenfrequenz des Aufbaus wurde im Gegensatz zur Hubeigenfrequenz sehr gut getroffen (Abb.5.19). Weiter ist zu sehen, dass der Verlauf des Amplitudenspektrums der Längs- bzw. der Querbeschleunigung gut wiedergegeben wird. Die Übereinstimmung zwischen der gemessenen und der simulierten Wankbeschleunigung ist am schlechtesten. Die Interferenzen im gemessenen Amplitudenspektrum weisen Phasen- und Amplitudenunterschiede gegenüber der Simulation auf. Dies deutet auf Lenkeingriffe während der Komfortmessfahrt.

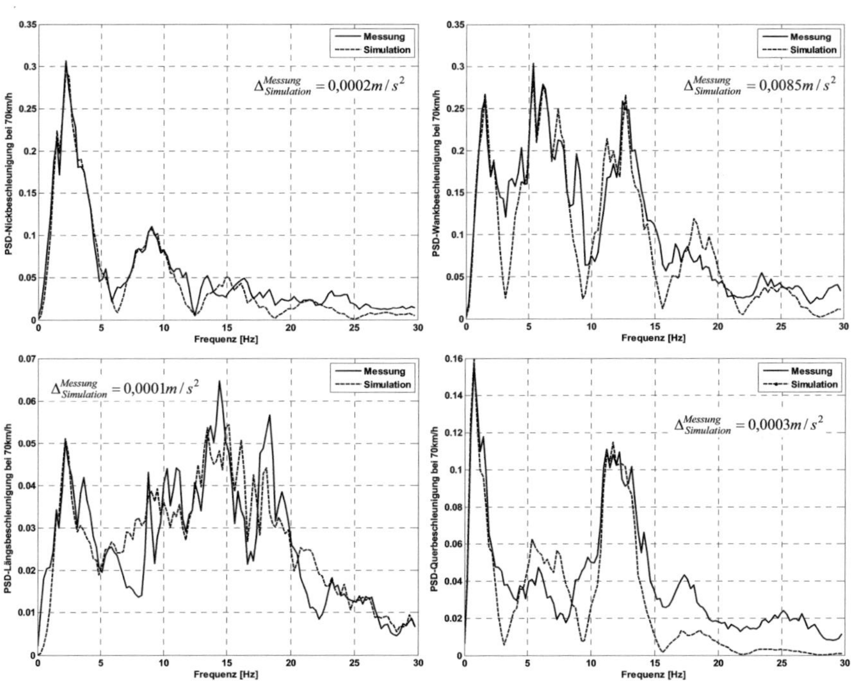

Abb.5.19: Amplitudenspektren der gemessenen und der simulierten Nick-, Wank-, Längs-, und Querbeschleunigung, Messung bei 70km/h mit aktiviertem Regler mit Vorausschau auf der Komfortstrecke_1

Diese erzeugen zusätzliche Wankbeschleunigungsanteile, die die durch die Fahrbahnanregung zu Stande kommende Wankbeschleunigung überlagern. Die nach (5.1) berechneten Differenzen sind ebenfalls in Abb.5.19 dargestellt.

Das Amplitudenspektrum der auf Komfortstrecke_2 gemessenen und der simulierten Hubbeschleunigung zeigt Abb.5.20. Beim Vergleich der beiden Amplitudenspektren miteinander wird ersichtlich, dass die Hubeigenfrequenz des Aufbaus sehr präzise in der Simulation getroffen wird. Die Übereinstimmung über den interessierenden Frequenzbereich ist ebenfalls besser als die in Abb.5.18. Die Interferenzen im gemessenen Amplitudenspektrum der Wankbeschleunigung werden ebenfalls besser als in Abb. 5.18 wiedergegeben. Offensichtlich handelt es sich hier um eine Fahrkomfortmessung, die minimal durch Lenkeingriffe gestört wurde. Die bereits erwähnten Lenkeingriffe entstehen meistens, wenn man Gegenverkehr ausweichen muss (z.B. Lkw's oder Busse).

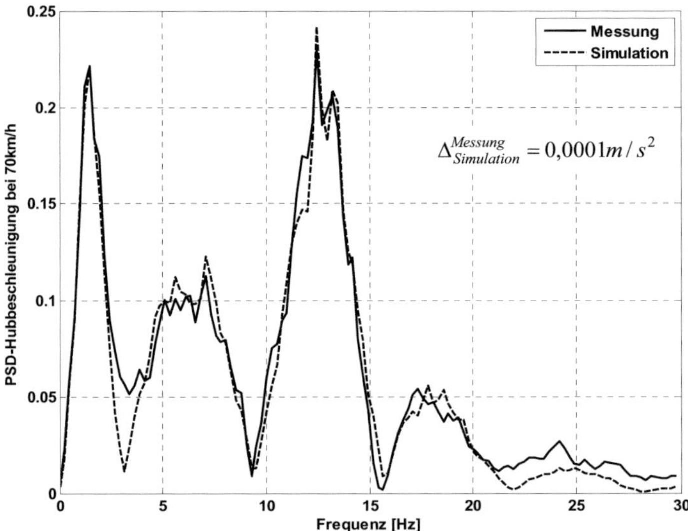

$$\Delta^{Messung}_{Simulation} = 0,0001m/s^2$$

Abb.5.20: Amplitudenspektren der gemessenen und der simulierten Hubbeschleunigung, Messung bei 70km/h mit aktiviertem Regler mit Vorausschau auf der Komfortstrecke_2

Diese Tendenz setzt sich auch beim Vergleich der restlichen Aufbaubeschleunigungen fort (Abb.5.21). Die berechteten Differenzen zwischen der gemessenen und der simulierten Amplitudenspektren sind ebenfalls in Abb.5.21 dargestellt.

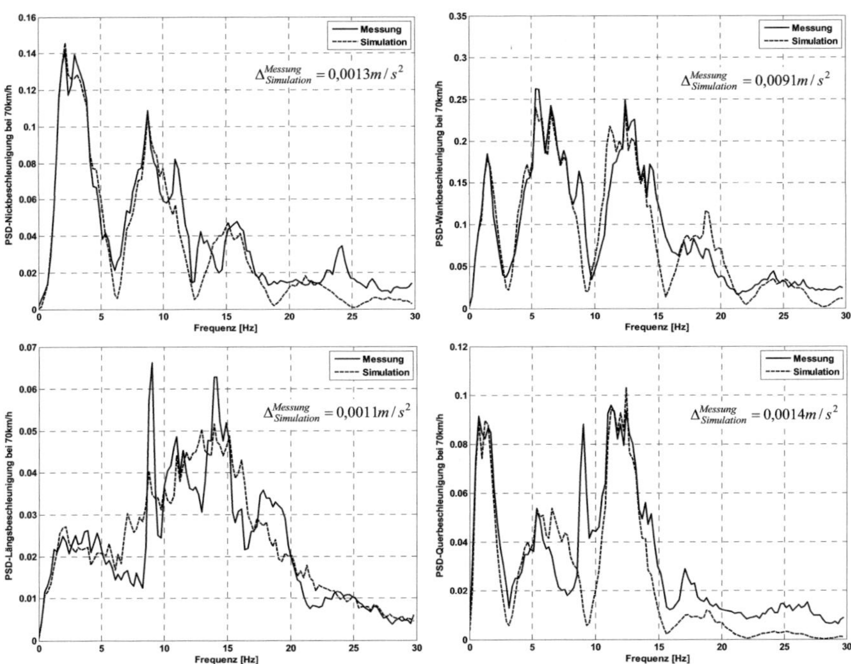

Abb.5.21: Amplitudenspektren der gemessenen und der simulierten Nick-, Wank-, Längs-, und Querbeschleunigung, Messung bei 70km/h mit aktiviertem Regler
mit Vorausschau auf der Komfortstrecke_2

Die anregungsabhängige Charakterisierung des Schwingungsübertragungsverhaltens liefert sowohl bei einem Fahrzeug mit passivem, voll geregeltem als auch mit voll geregeltem Fahrwerk mit Vorausschau gute Ergebnisse. Zwischen der gemessenen und der simulierten Längs-, bzw. Querbeschleunigung sind die Abweichungen auf dem ersten Blick größer. Setzt man die Abweichungen in Relation zur Amplitude, stellt man fest, dass sie vergleichbar mit den Abweichungen der Hub-, Nick-, und Wankbeschleunigungen sind. Dies wird ebenfalls durch die nach (5.1) ermittelten Differenzen zwischen der gemessenen und der simulierten Amplitudenspektren der Aufbaubeschleunigungen wiedergegeben.

Wie bereits erwähnt wird die anregungsunabhängige Charakterisierung des Schwingungskomforts eines Fahrzeugs aus anregungsabhängiger, identifizierter Übertragungsfunktionen und einer Validierung anhand der Fahrbahnanregung realisiert.

5.3   Validierung des SÜV anhand der Straßenanregung

Im Folgenden wird auf die Validierung des Schwingungsübertragungsverhaltens anhand der Fahrbahnanregung eingegangen, so dass nicht nur ein Identifikationsprozess auf bestimmten zuvor vermessenen Fahrkomfortstrecken sondern auch die Validierung des bereits auf ausgesuchten Fahrkomfortstrecken identifizierten SÜVs unabhängig von der Fahrbahnanregung möglich ist. Es werden zwei grundsätzlich unterschiedliche Verfahren zur Validierung des SÜVs entwickelt und bewertet.

5.3.1   Offline-Validierung des SÜV

Wie bereits gezeigt, liefert der Systemansatz zur anregungsabhängigen Charakterisierung des Schwingungskomforts bei einer Fahrzeuggeschwindigkeit von 70km/h sehr gute Ergebnisse. Die Komfortbewertungen werden auf den gängigen Komfortstrecken in der Regel bei einer Fahrzeuggeschwindigkeit zwischen 50km/h und 90km/h durchgeführt.

Im Folgenden wird daher untersucht, inwieweit die identifizierten Übertragungsfunktionen bei 70km/h ohne jede Veränderung zum Prognostizieren der Aufbaubeschleunigungen bei 50km/h herangezogen werden können.

Die Aufbaubeschleunigungen auf der Komfortstrecke_2 wurden bei aktiviertem Regler mit Vorausschau mit einer Fahrzeuggeschwindigkeit von 50km/h aufgenommen. Mit Hilfe der bei 70km/h identifizierten Übertragungsfunktionen wurden die Aufbaubeschleunigungen in der Simulation prognostiziert. Gleichzeitig wurden die Übertragungsfunktionen bei 50km/h identifiziert und mit Ihrer Hilfe die Aufbaubeschleunigungen simuliert.

In Abb.5.22 sind die Amplitudenspektren der gemessenen, der prognostizierten sowie der identifizierten Hubbeschleunigung bei 50km/h dargestellt. Es sind geringfügige Abweichungen zwischen der prognostizierten und der identifizierten Hubbeschleunigung zu erkennen. Der Vergleich zwischen der Messung und der Prognose zeigt, dass sowohl der Verlauf als auch die Amplituden gut wiedergegeben werden. Die berechnete Differenz zeigt, dass die Abweichungen zwischen Messung und Prognose nicht wahrgenommen werden können.

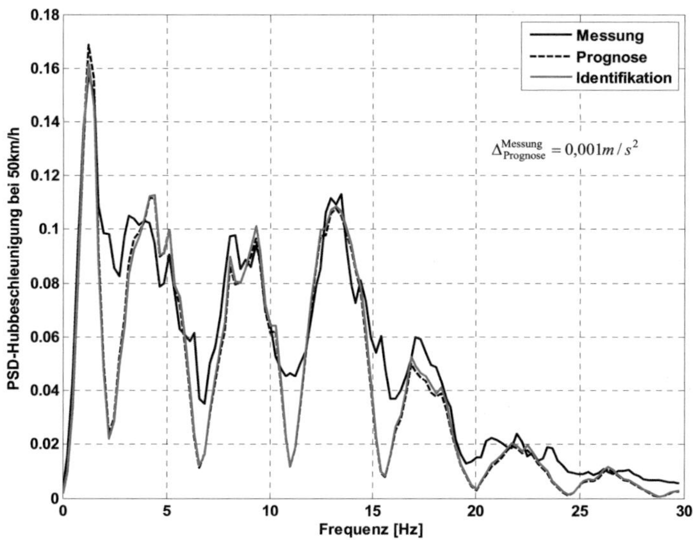

$$\Delta_{\text{Prognose}}^{\text{Messung}} = 0{,}001 m/s^2$$

Abb.5.22: Amplitudenspektren der gemessenen und der simulierten Hubbeschleunigung, Messung bei 50km/h mit aktiviertem Regler mit Vorausschau auf der Komfortstrecke_2

In Abb.5.23 sind die Amplitudenspektren der restlichen Aufbaubeschleunigungen in Messung, Prognose und Identifikation zu sehen. Der Verlauf der Querbeschleunigung wird weder in der Prognose noch in der Identifikation verglichen mit der Messung besonders gut wiedergegeben. Dies wird auch in der berechneten Differenz festgehalten. Die Abweichungen in Querrichtung könnten durch eine Fahrbahnneigung und damit verbundene Auswirkung auf das Achsschwingungsverhalten hervorgerufen werden.

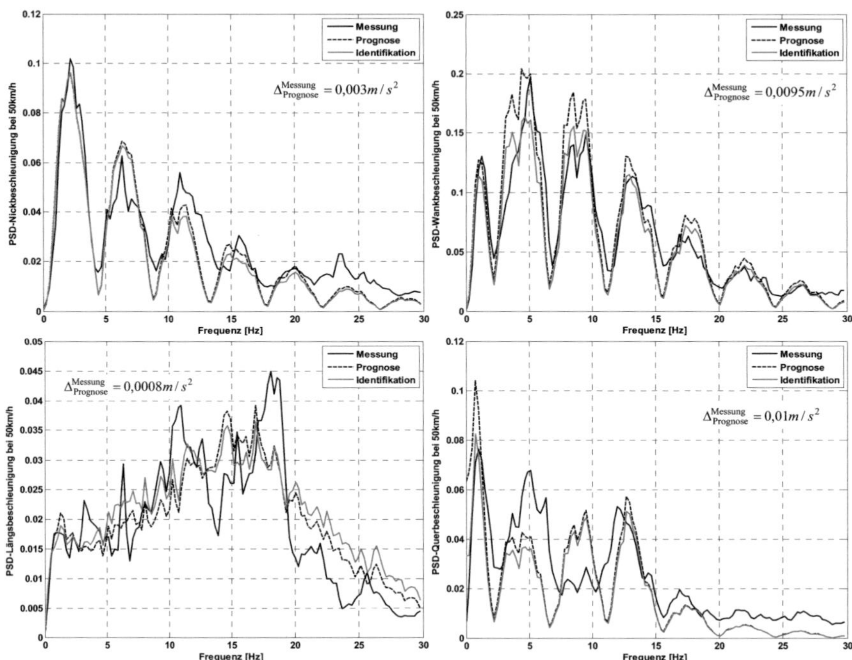

Abb.5.23: Amplitudenspektren der gemessenen und der simulierten Nick-, Wank-, Längs-, und Querbeschleunigung, Messung bei 50km/h mit aktiviertem Regler mit Vorausschau auf der Komfortstrecke_2

Zusammenfassend lässt sich festhalten, dass eine Fahrkomfortmessung auf einer Komfortstrecke bei konstanter Geschwindigkeit ausreichend ist, um aus dieser das Schwingungsübertragungsverhalten bei gegebener Fahrbahnanregung identifizieren zu können. Ohne weitere Identifikationsmaßnahmen oder Gewichtung der identifizierten Übertragungsfunktionen ist somit eine Prognose der Aufbaubeschleunigungen bei unterschiedlichen Fahrzeuggeschwindigkeiten möglich.

Des Weiteren wurden die oben dargestellten Untersuchungen basierend auf einer Fahrkomfortmessung mit aktiviertem Regler mit Vorausschau durchgeführt. Identifikation und Validierung von Fahrwerken mit verstellbarem oder geregeltem Stoßdämpfer und mit Stahl- oder Luftfeder führen wie bereits gezeigt zu besseren Ergebnissen.

Bisher ist die Charakterisierung des Schwingungskomforts bei einer konkreten Fahrbahnanregung möglich. Diese soll fahrbahnanregungsunabhängig eine Prognose ermöglichen, so dass der sehr hohe Aufwand bei der Vorbereitung der Fahrkomfortbewertungsfahrten teilweise durch die Stützung der Simulation reduziert wird. Um dies zu erreichen wird ein Validierungsverfahren entwickelt, das die bereits auf wenigen Komfortstrecken identifizierten Übertragungsfunktionen validiert, so dass die anregungsunabhängige Charakterisierung des Schwingungskomforts eines Fahrzeugs ermöglicht wird.

In Abb.5.24 ist die Grundidee des Validierungsverfahrens dargestellt. Zu sehen sind die Autoleistungsdichtespektren von drei Komfortstrecken. Wobei die Übertragungsfunktionen von der Strecke_1 und von der Strecke_2 bereits identifiziert wurden. Es gilt herauszufinden, wie eine Übertragungsfunktion der mit einer gestrichelten Linie dargestellten Strecke anhand der bekannten Übertragungsfunktionen anzupassen ist.

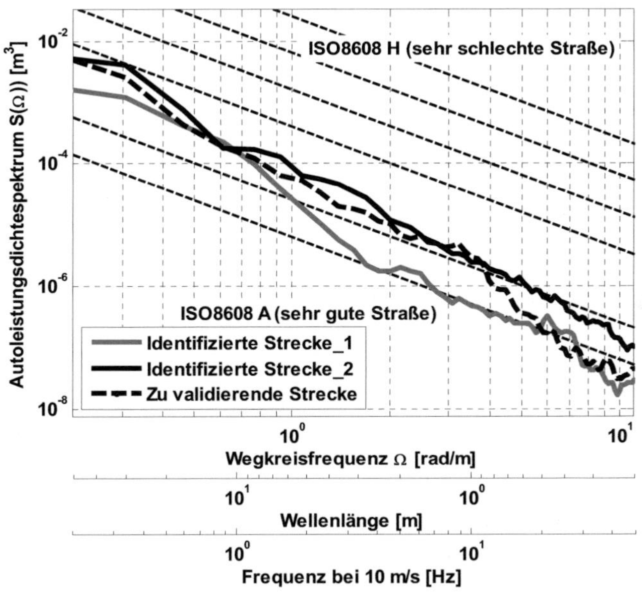

Abb.5.24: Autoleistungsdichtespektren von zwei identifizierten und einer zu validierenden Strecke/n

Dazu werden in 0,25Hz-Schritten die Parameter a und b ermittelt. Dabei spielt es keine Rolle, ob die zu validierende Strecke exakt zwischen den beiden identifizierten Strecken liegt.

Das Validierungsverfahren funktioniert umso besser, je mehr identifizierte Strecken zur Abschätzung der gesuchten Übertragungsfunktionen herangezogen werden. Hierfür können weitere Gewichtungskoeffizienten eingeführt werden.

Es stellt sich die Frage, ob die Validierung nur mit einem Parameter möglich ist. Wenn ein konventionelles (passives) Fahrwerk identifiziert werden muss, ist die Validierung mit einem Parameter durchaus möglich, da nur eine Anpassung des Dämpferarbeitsbereichs wegen der nichtlinearen Dämpferkennlinie erforderlich ist. Dies funktioniert sehr gut, wenn die identifizierten und die zu validierenden Strecken relativ eng beieinander liegen. Da die modernen Fahrwerke meistens einen verstellbaren oder geregelten Stoßdämpfer beinhalten, wird das Validierungsverfahren mit zwei Parametern realisiert, um eine bessere Gewichtung zu erreichen.

Die Parameter a und b zwischen den Leistungsdichtespektren (Abb.5.24) ergeben sich nach dem folgenden Schema:

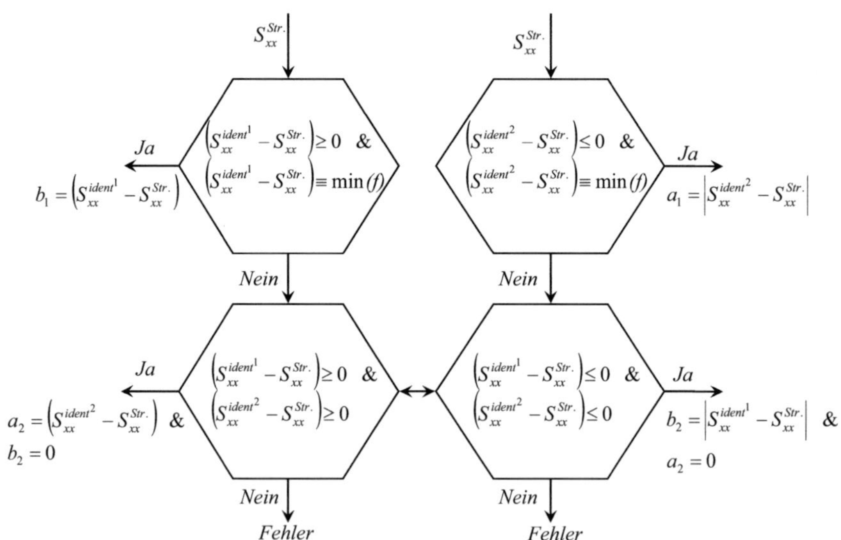

Abb.5.25: Schematische Darstellung des Validierungsprozesses

Durch die Abfrage von Bedingungen wird ermittelt, ob das Autoleistungsdichtespektrum der zu identifizierenden Strecke

- zwischen den Autoleistungsdichtespektren der Strecke_1 bzw. Strecke_2
- oder oberhalb des Autoleistungsdichtespektrums der Strecke_1
- oder unterhalb des Autoleistungsdichtespektrums der Strecke_2

liegt.

Die ermittelten Parameter a und b werden auf die Absolutwerte der Übertragungsfunktionen $\hat{a}$ und $\hat{b}$ umgerechnet. Die gesuchte Übertragungsfunktion auf der zu validierenden Strecke ergibt sich nach einer mit den Parametern gewichteten Mittelwertberechnung.

$$G_{neu}(s) = \frac{\hat{a} \cdot G_{ident^1} + \hat{b} \cdot G_{ident^2}}{\hat{a} + \hat{b}} \tag{5.4}$$

Abb.5.26 zeigt die Amplitudenspektren der gemessenen und der mit dem oben vorgestellten Validierungsverfahren prognostizierten Hubbeschleunigungen im Vergleich. Die Messung wurde auf einer Komfortstrecke mit 70km/h mit aktiviertem Regler mit Vorausschau durchgeführt. Zur Validierung wurden die bereits auf der Komfortstrecke_1 und Komfortstrecke_2 identifizierten Übertragungsfunktionen verwendet. Nach VDI2057-Richtlinie kann die Differenz zwischen Messung und Prognose nach VDI2057 nicht wahrgenommen werden.

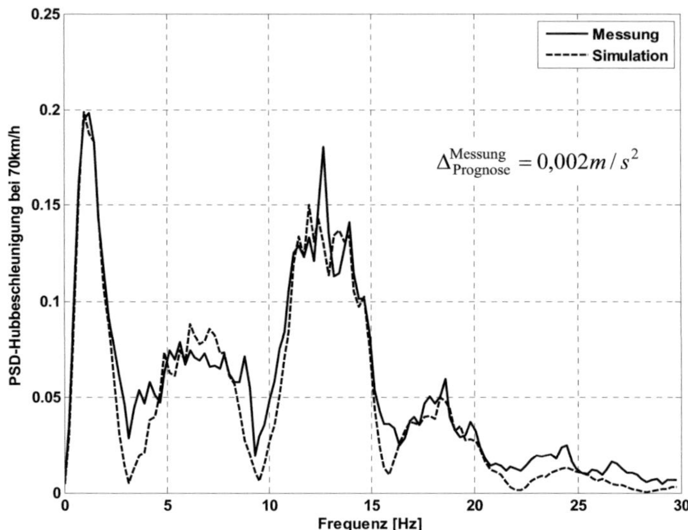

Abb.5.26: Amplitudenspektren der gemessenen und der offline prognostizierten Hubbeschleunigung, Messung bei 70km/h mit aktiviertem Regler mit Vorausschau

In Abb.5.27 sind die Amplitudenspektren der gemessenen und der prognostizierten Nick-, Wank-, Längs-, und Querbeschleunigung dargestellt. Die nach (5.1) ermittelten Differenzen sind ebenfalls dargestellt.

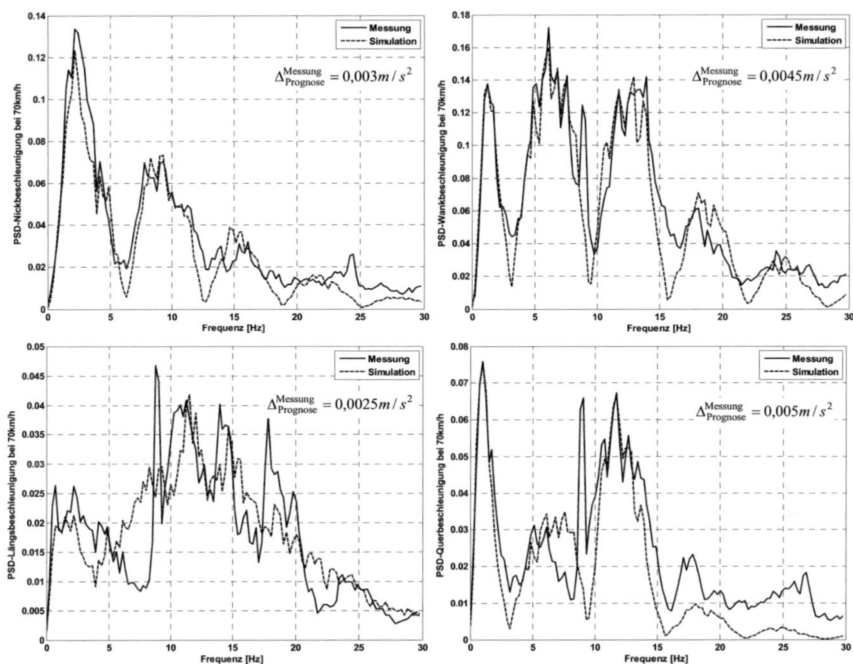

Abb.5.27: Amplitudenspektren der gemessenen und der offline prognostizierten Nick-,
Wank-, Längs-, und Querbeschleunigung, Messung bei 70km/h
mit aktiviertem Regler mit Vorausschau

Ausgehend von den ermittelten Differenzen zwischen Messung und Prognose zeigen die durchgeführten Untersuchungen, dass mit Hilfe des vorgestellten Validierungsverfahrens gute Ergebnisse erzielt werden können. Die Validierung wurde mit auf zwei Komfortstrecken identifizierten Übertragungsfunktionen realisiert. Aus Effizienzgründen wurde auf eine Validierung mit mehr als zwei identifizierten Strecken verzichtet.

Das Validierungsverfahren wurde anhand von Fahrkomfortmessungen mit aktiviertem Regler mit Vorausschau verifiziert. Somit ist eine Charakterisierung des Schwingungskomforts eines beliebigen Fahrzeugs unabhängig von einer konkreten Fahrbahnanregung möglich.

5.3.2 Online-Validierung des SÜV

Das Simulinkmodell benötigt 0,77s für eine Simulation aller fünf Freiheitsgrade bei einer Messdauer von 37s. Hieraus resultiert die Frage, ob eine Online-Validierung möglich ist, so dass der im Rahmen dieser Arbeit entwickelten Systemansatz zur Charakterisierung des Schwingungskomforts eines Fahrzeugs echtzeitfähig wird. Je nach Anzahl der bereits identifizierten Komfortstrecken ergeben sich Vorteile bzw. Nachteile der Online-Validierung gegenüber der Offline-Validierung. Wie bereits gezeigt, kann mit Hilfe der Offline-Validierung anhand von zwei bereits identifizierten Komfortstrecken eine Prognose der Aufbaubeschleunigungen auf einer dritten Komfortstrecke erstellt werden. Im Gegensatz dazu führt eine Online-Validierung anhand von zwei bereits identifizierten Übertragungsfunktionen zu keinen zufriedenstellenden Ergebnissen, da das Online-Validierungsverfahren zwischen den bereits identifizierten Übertragungsfunktionen schaltet und keine Zwischenübertragungsfunktionen berechnen. Aus diesem Grund wird im Folgenden eine Prognose der Aufbaubeschleunigungen anhand von vier bereits identifizierten Übertragungsfunktionen realisiert. Die Online-Validierung ist im Vergleich zu Offline-Validierung weniger störanfällig, da die Ansteuerungsentscheidung im Zeitbereich erfolgt und somit keine „verrauschten" Autoleistungsdichtespektren der Komfortstrecke herangezogen werden müssen, falls die Komfortmessung/-strecke zu kurz ist.

Die ersten Voruntersuchungen wurden unter der Restriktion durchgeführt, dass nur die Fahrbahnhöhe zur Online-Validierung verwendet werden darf. Diese Restriktion ist notwendig, da in der Simulation im Normalfall nur die Fahrbahnhöhe und keine weiteren stützenden Signale wie beispielsweise die Federwege als Eingang zur Verfügung stehen. Des Weiteren wird das Ziel verfolgt, falls der Ansatz eine Anwendung im Fahrzeug findet, ohne Zwischenmessungen in der Kette Fahrbahn-Fahrersitzschiene auszukommen.

Mit Hilfe der Voruntersuchungen wurde das in Abb.5.28. dargestellte Online-Validierungsschema entwickelt. Das Ziel ist es, ähnlich einer Dämpferregelung, zwischen bereits identifizierten Übertragungsfunktionen alle 5ms[19] umzuschalten und somit ein nicht lineares Schwingungsübertragungsverhalten des Fahrzeugs zu

---

[19] Die Wahl der 5ms-Taktung orientiert sich an die Taktfrequenz der gängigen Stoßdämpfer-Regler, welche meistens mit 10ms aber auch mit 15ms getaktet werden.

simulieren. Die Schaltschwellen werden fahrzeugspezifisch anhand der mittleren Dämpferkonstante, der Dämpfergeschwindigkeit und der Fahrbahnhöhe festgelegt.

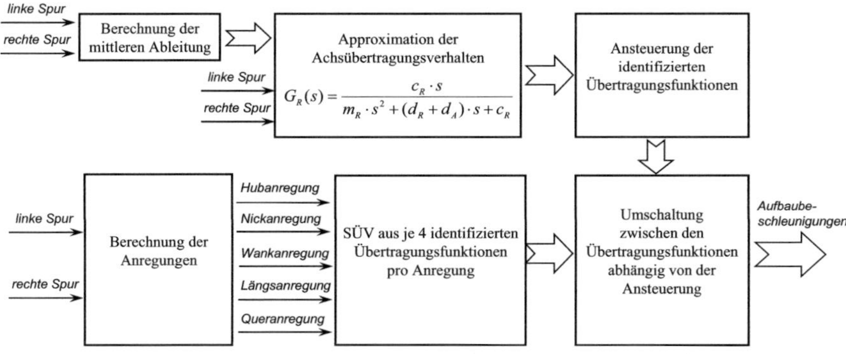

Abb.5.28: Schematische Darstellung des Online-Validierungsverfahrens

Als Eingang dient nur die Fahrbahnhöhe der linken und der rechten Fahrbahnspur. Es wird die mittlere Ableitung der Fahrbahnhöhe der linken bzw. der rechten Spur gebildet (5.2).

$$\dot{z}_S^{(k)} = \frac{z_S^{(k+1)} - z_S^{(k-1)}}{t^{(k+1)} - t^{(k-1)}} \tag{5.5}$$

Die dargestellte Übertragungsfunktion dient zur Annäherung des Achsübertragungsverhaltens. Diese Approximation liefert in der Messung und in der Simulation die besten Ergebnisse und benötigt zur Identifikation keine stützende Sensorik im Fahrbetrieb. Die Achsübertragungsfunktion wird nur einmal pro vermessene Fahrkomfortstrecke während der Charakterisierung des Schwingungsübertragungsverhaltens identifiziert. Wobei c_R die Reifensteifigkeit wiedergibt. Diese wird aus dem vor der Fahrkomfortmessung gemessenen Luftdruck und aus den spezifischen Reifeneigenschaften ermittelt. Da die Reifeneigenschaften im Normalfall bekannt sind, ist c_R während einer Fahrkomfortmessung somit bekannt. Die Radmasse m_R lässt sich bei bekannten Reifensteifigkeiten z.B. aus Radbeschleunigungen, Federwegen oder wenn diese nicht gemessen werden aus Aufbaubeschleunigungen identifizieren. Analog gilt dies für die Reifendämpfung d_R und die Aufbaudämpfung d_A. Diese können nicht separat identifiziert werden. Die Identifikation erfolgte mit Hilfe eines Viertelfahrzeugmodells. Die Summe $(d_R + d_A)$ wurde solange iterativ variiert, bis das Amplitudenspektrum der gemessenen mit der simulierten Hubbeschleunigung übereinander lag. Es sei noch darauf hingewiesen, dass die Reifendämpfung im Vergleich zur Aufbaudämpfung vernachlässigbar klein ist.

Das Produkt aus der Laplace-Transformierte der mittleren Ableitung der Fahrbahnhöhe mit der approximierten Reifenübertragungsfunktion ergibt näherungsweise die Laplace-Transformierte der Radgeschwindigkeit (5.3).

$$\dot{Z}_R(s) = \dot{Z}_S(s) \cdot G_R(s) \qquad\qquad (5.6)$$

Diese wird nach der Bildung eines einseitigen, gleitenden Mittelwertes der Ordnung fünf an die Ansteuerung übergeben (5.4).

$$\bar{\dot{z}}_R^{(k)} = \frac{\dot{z}_R^{(k-4)} + \dot{z}_R^{(k-3)} + \dot{z}_R^{(k-2)} + \dot{z}_R^{(k-1)} + \dot{z}_R^{(k)}}{5} \qquad\qquad (5.7)$$

Im Ansteuerungsblock wird abhängig von der Fahrbahnhöhe und der approximierten Radgeschwindigkeit ein Steuersignal gebildet. Dieses wird im Umschaltungsblock zur Umschaltung zwischen vier pro Freiheitsgrad bereits identifizierten Übertragungsfunktionen verwendet. Dabei kann das Problem entstehen, dass sich bei der Umschaltung zwischen den Übertragungsfunktionen Peaks in den Aufbaubeschleunigungen bilden. Diese Peaks können im Fahrzeug mit verstellbarem Stoßdämpfer auftreten, indem bei gleichbleibender Dämpfergeschwindigkeit der Regler von einer weichen auf eine harte Dämpferkennlinie Umschaltet. Die Folge sind unerwünschte Kraftspitzen, die sich ebenfalls in den Aufbaubeschleunigungen wiederfinden.

Um dem entgegen zu wirken, wird eine feste Reihenfolge der Umschaltung vorgegeben. Berechnet die Ansteuerung, dass von der vierten Übertragungsfunktion (sehr schlechte Straße) auf die erste Übertragungsfunktion (untere Grenze einer schlechten Straße) umgeschaltet werden muss, werden die dazwischen liegenden, dritten und zweiten Übertragungsfunktionen nacheinander angesteuert. Es dürfen keine Übertragungsfunktionen überspungen werden. Somit können im schlimmsten Fall 15ms vergehen, bis die „richtige" Übertragungsfunktion aktiviert wird.

Abb.5.29 zeigt das Ergebnis für die mit der Online-Validierung prognostizierte Hubbeschleunigung einer Komfortstrecke. Die Messung wurde mit einer Fahrzeuggeschwindigkeit von 70km/h und aktiviertem Regler mit Vorausschau durchgeführt. Die Referenz sind die gemessenen Aufbaubeschleunigungen. Die prognostizierten Aufbaubeschleunigungen entstehen, indem alle 5ms eine aus den vier bereits identifizierten Übertragungsfunktionen aktiviert wird.

Die Amplitudenspektren liegen gut übereinander und der Verlauf ist sehr gut wiedergegeben. Die Differenz von $\Delta^{Messung}_{Pr\,ognose} = 0,0055 m/s^2$ zwischen Messung und Prognose kann nach der VDI2057-Bewertungstabelle nicht wahrgenommen werden. Dennoch ist diese Abweichung im Vergleich zur Offline-Validierung größer.

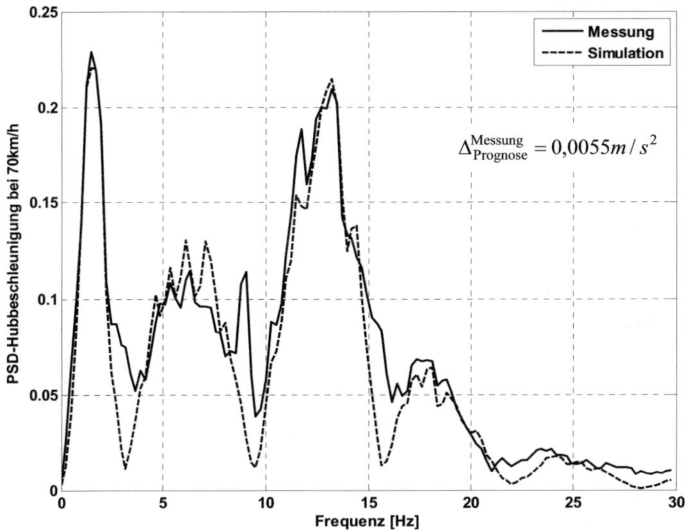

Abb.5.29: Amplitudenspektren der gemessenen und der online prognostizierten Hubbeschleunigung, Messung bei 70km/h mit aktiviertem Regler mit Vorausschau

In Abb.5.30 sind die Amplitudenspektren der restlichen gemessenen und prognostizierten Aufbaubeschleunigungen und die berechteten Differenzen zwischen Messung und Prognose dargestellt. Die Übereinstimmung der Online-Validierung zwischen Messung und Prognose ist erwartungsgemäß schlechter als die der Offline-Validierung (vgl. Abb.5.27). Dies liegt in den meisten Fällen daran, dass bei der Online-Validierung mehrfache Iterationen nicht möglich sind.

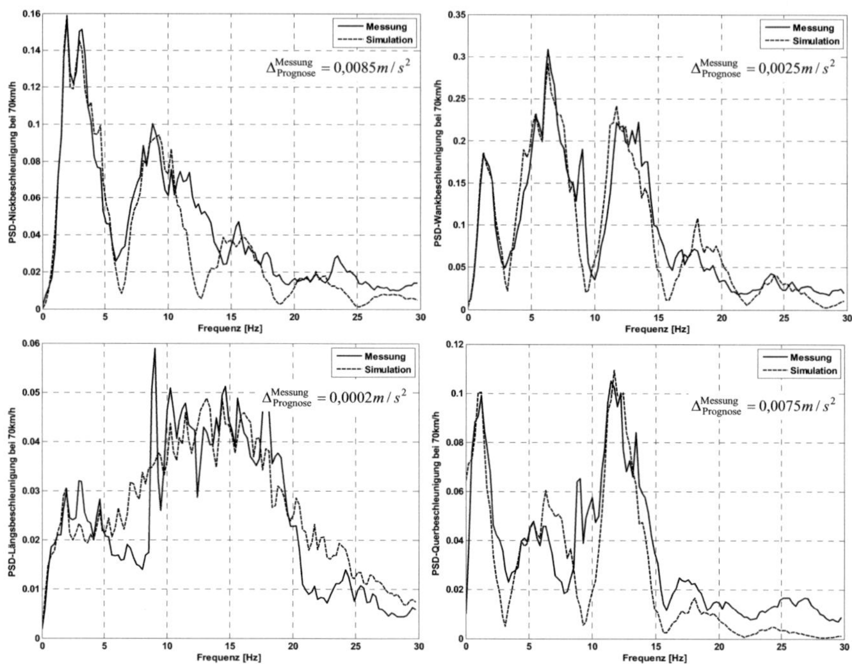

Abb.5.30: Amplitudenspektren der gemessenen und der online prognostizierten Nick-,
Wank-, Längs-, und Querbeschleunigung, Messung bei 70km/h
mit aktiviertem Regler mit Vorausschau

Dennoch liefert das vorgestellte Online-Validierungsverfahren mehr als akzeptable Ergebnisse. Die Interpretation der erreichten Genauigkeit erfolgt im nächsten Abschnitt. Findet das Verfahren eine Anwendung im Fahrbetrieb, ist eine Verbesserung der erreichten Genauigkeit durch die Stützung der Ansteuerung mit Hilfe zusätzlicher Sensorik möglich.

5.4   Bedeutung der erzielten Ergebnisse

Im folgenden Abschnitt wird auf die Bedeutung der mit Hilfe der VDI2057- Richtlinie berechneten Differenzen zwischen Messung und Prognose eingegangen. Ziel ist es, die Übertragbarkeit und die Grenzen des Systemansatzes aufzuzeigen.

Zuerst werden die Unterschiede in den gemessenen Aufbaubeschleunigungen zwischen drei Fahrzeugen aufgezeigt. Dieser Vergleich liefert nur anhand von SFP-Messdaten eine hohe Reproduzierbarkeit, da auf der SFP-Anlage sichergestellt werden kann, dass alle drei Fahrzeuge bei der gleichen Anregung vermessen werden können. Die drei Fahrzeuge mit den internen Bezeichnungen 1808, 1727 und 889 wurden bereits am Anfang dieses Kapitels beschrieben. Als Anregung wird die Vertikalbewegung der Komfortstrecke_1 verwendet.

In Abb.5.31 sind die Amplitudenspektren der gemessenen Hub-, Nick- und Wankbeschleunigung auf der SFP-Anlage und die nach (5.1) berechneten Differenzen dargestellt. Die Messungen wurden bei 70km/h in der Sportstellung aufgenommen. Die Unterschiede in den Hub-, Nick- und Wankbeschleunigung können sehr gut durch den entwickelten Systemansatz aufgelöst werden.

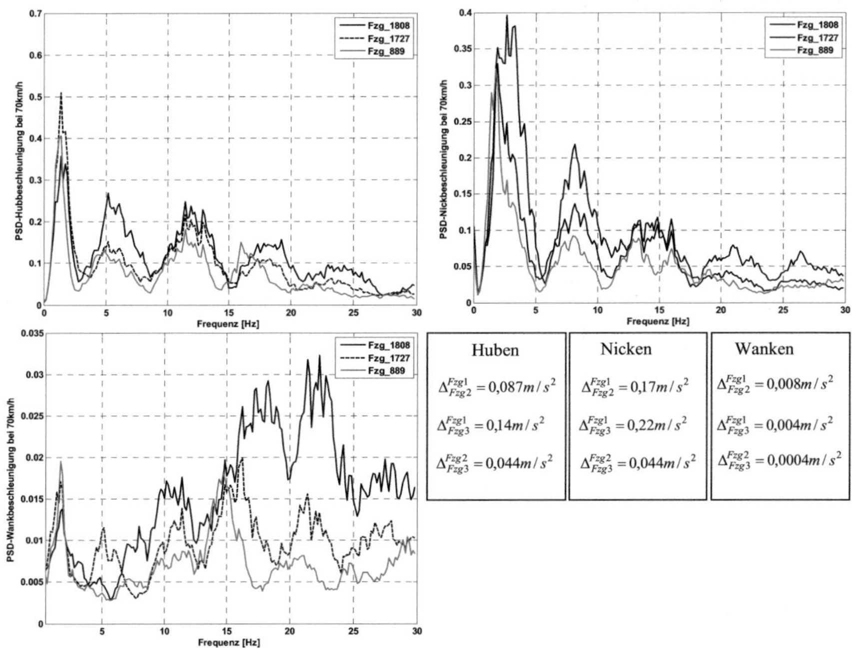

Abb.5.31: Amplitudenspektren der gemessenen Hub- Nick- und Wankbeschleunigungen der Fahrzeuge 1808, 1727 und 889 auf der SFP-Anlage bei 70km/h im Vergleich

Weiter wird die Spreizung bzgl. des Schwingungskomforts des Versuchsträgers mit der internen Bezeichnung 221 anhand der Amplitudenspektren der Aufbaubeschleunigungen beim deaktivierten (passives Fahrwerk) bzw. beim aktivierten Regler (voll geregeltes Fahrwerk) untersucht.

In Abb.5.32 sind die Amplitudenspektren der Hubbeschleunigung bei 70km/h und die nach (5.1) berechnete Differenz dazwischen dargestellt. Nach der VDI2057-Bwertungstabelle ist diese Differenz im deutlich spürbaren Bereich. Es lässt sich leicht feststellen, dass der im Rahmen dieser Arbeit entwickelte Systemansatz problemlos diese Unterschiede auflösen kann.

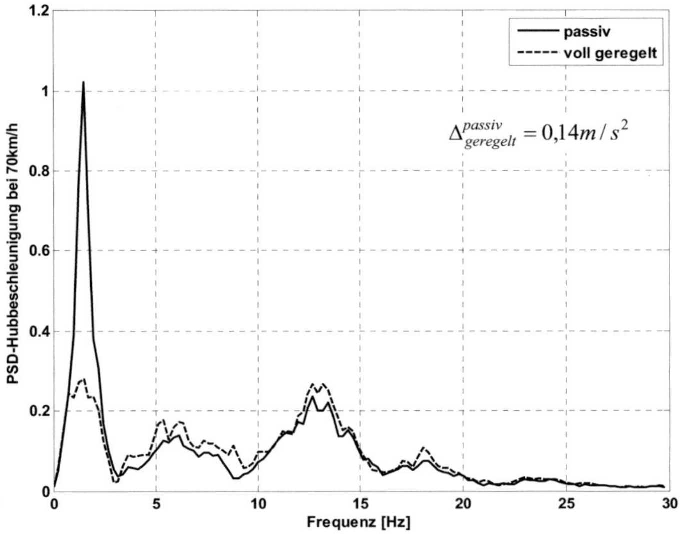

Abb.5.32: Amplitudenspektren der gemessenen Hubbeschleunigungen des Fahrzeuges 221 mit deaktiviertem und aktiviertem Regler auf der Komfortstrecke_1 bei 70km/h im Vergleich

Abb.5.33 zeigt die Amplitudenspektren der restlichen Aufbaubeschleunigungen. Die Unterschiede zwischen den Nickbeschleunigungen bzw. den Wankbeschleunigungen des passiven Fahrwerks gegenüber dem voll geregelten Fahrwerk können ebenfalls sehr gut aufgelöst werden.

124

Wie erwartet, sind die Unterschiede in den Längs- und Querbeschleunigungen deutlich geringer als die der Hub-, Nick- und Wankbeschleunigungen (vgl. die Differenzen zwischen passiv und voll geregelt). Die Unterschiede ergeben sich vorwiegend aus Querkopplungen zwischen den Messkanälen. Hiernach erfasst der Beschleunigungssensor in Längsrichtung durch die Aufbaubewegungen immer eine Komponente der Hubbeschleunigung mit. Solche Messfehler können nicht vermieden werden, da eine fehlerfreie Ausrichtung des Beschleunigungssensors bedingt möglich und mit einem sehr großen Aufwand verbunden ist.

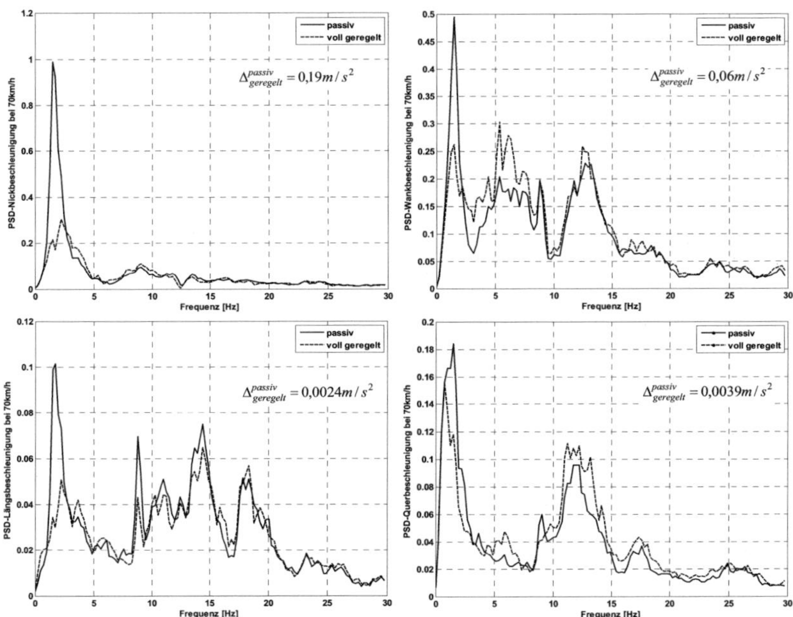

Abb.5.33: Amplitudenspektren der gemessenen Nick-, Wank-, Längs- und Querbeschleunigungen des Fahrzeuges 221 mit deaktiviertem und aktiviertem Regler auf der Komfortstrecke_1 bei 70km/h im Vergleich

In Abb.5.34 und in Abb.5.35 sind die Amplitudenspektren der gemessenen Hub-, Nick- und Wankbeschleunigung des Fahrzeugs 1808 in der Komfort- und der Sportstellung auf der SFP-Anlage dargestellt.

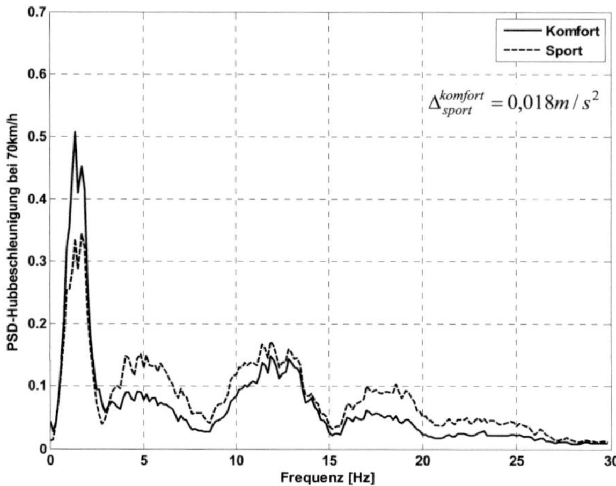

Abb.5.34: Amplitudenspektren der gemessenen Hubbeschleunigung des Fahrzeuges 1808 auf der Komfortstrecke_1 bei 70km/h in der Komfort- und Sportstellung im Vergleich

Anhand der berechneten Differenzen mit Hilfe der VDI2057-Richtlinie kann festgehalten werden, dass die Charakterisierung des Schwingungskomforts eines Fahrzeugs mit verstellbarem Stoßdämpfer in der Komfort- bzw. Sportstellung durch den entwickelten Systemansatzes ebenfalls ohne Probleme möglich ist.

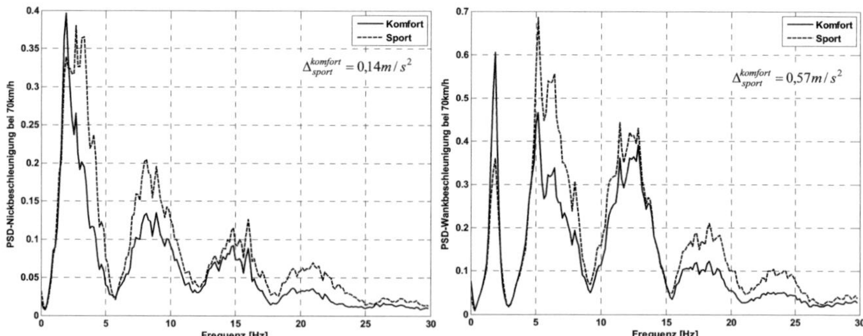

Abb.5.35: Amplitudenspektren der gemessenen Nick- bzw. Wankbeschleunigung des Fahrzeuges 1808 auf der Komfortstrecke_1 bei 70km/h in der Komfort- und Sportstellung im Vergleich

In Abb.5.36 sind die Amplitudenspektren der Hubbeschleunigung des Fahrzeugs 1478 bei einer Variation des Reifenluftdruckes dargestellt. Die Beschleunigungen wurden bei einem Luftdruck aller Reifen von 2,1bar und bei 3,1bar auf der Komfortstrecke_1 aufgenommen. Das Fahrzeug besitzt eine Stahlfeder und einen Stoßdämpfer mit nichtlinearer Kennlinie. Auch hier liegt die nach (5.1) berechnete Differenz der mit 2,1bar und der mit 3,1bar gemessenen Hubbeschleunigungen deutlich über der erreichten Auflösung des Systemansatzes.

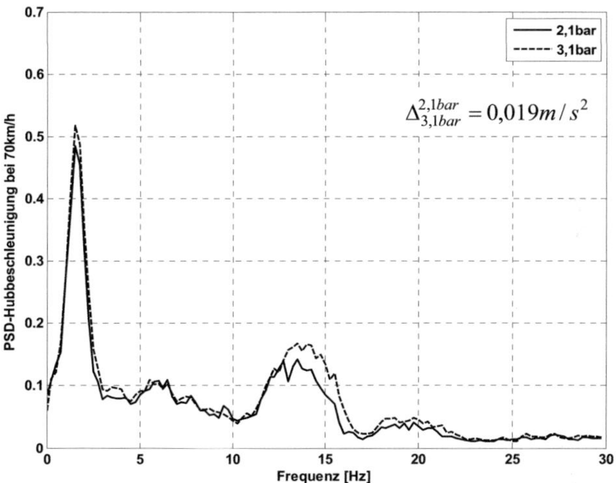

Abb.5.36: Amplitudenspektren der gemessenen Hubbeschleunigungen des Fahrzeuges 1478 bei einer Variation des Reifenluftdruckes auf der Komfortstrecke_1 mit 70km/h im Vergleich

Abb.5.37 zeigt die Amplitudenspektren der restlichen Aufbaubeschleunigung im Vergleich. Die Differenzen der Nick- bzw. Wankbeschleunigungen bei der Variation des Reifendruckes von 1bar können ebenfalls durch den Systemansatzes aufgelöst werden. Die Auslösung der Differenz zwischen den Längs- bzw. Querbeschleunigungen durch den Systemansatzes ist bedingt möglich. Dies liegt u.a. am Schwingungsübertragungsverhalten in Längs- und Querrichtung. Hiernach treten sehr kleine Schwingungsamplituden an der Karosserie auf (vgl. Abschnitt 5.2).

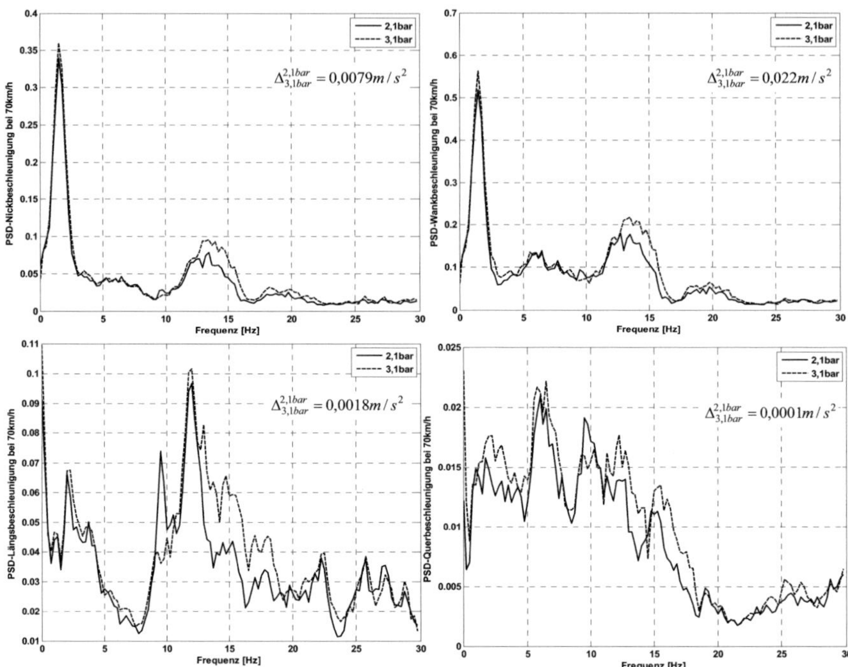

Abb.5.37: Amplitudenspektren der gemessenen Nick-, Wank-, Längs- und Querbeschleunigungen des Fahrzeuges 1478 bei einer Variation des Reifenluftdruckes
auf der Komfortstrecke_1 mit 70km/h im Vergleich

Abschließend werden die Unterschiede in den Aufbaubeschleunigungen des Fahrzeugs 221 aufgezeigt, die sich auf unterschiedlichen Komfortstrecken ergeben. In Abb.5.38 sind die Amplitudenspektren der Hubbeschleunigung auf drei Komfortstrecken bei 70km/h dargestellt. Diese hohe Spreizung zwischen den Amplitudenspektren der gemessenen Hubbeschleunigungen lässt sich problemlos durch den Systemansatzes wiedergegeben.

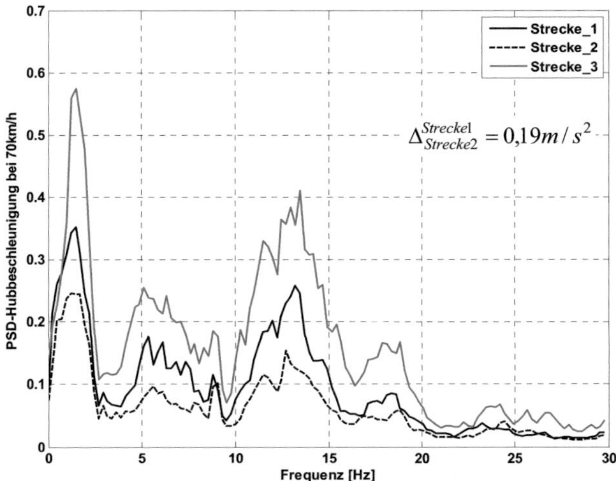

$$\Delta_{Strecke2}^{Strecke1} = 0{,}19\,m/s^2$$

Abb.5.38: Amplitudenspektren der gemessenen Hubbeschleunigungen des Fahrzeuges 221 auf drei Komfortstrecken bei 70km/h mit aktiviertem Regler im Vergleich

In Abb.5.39: sind die Amplitudenspektren der restlichen Aufbaubeschleunigungen dargestellt. Es fällt auf, dass die Längs- bzw. die Querbeschleunigungen im Vergleich zu Hub-, Nick- und Wankbeschleunigungen sehr kleine Amplitudensänderungen aufweisen. Im Schnitt liegen diese für die Längsbeschleunigung bei $0{,}04\,m/s^2$ und für die Querbeschleunigung bei $0{,}05\,m/s^2$. Hiernach ist fraglich, ob die Längs- bzw. die Querbeschleunigungen während einer Fahrt zur subjektiven Komfortbewertung auf den gängigen Komfortstrecken wahrgenommen werden können, da sie durch die großen Amplituden der Hub-, Nick- und Wankbeschleunigung überlagert werden.

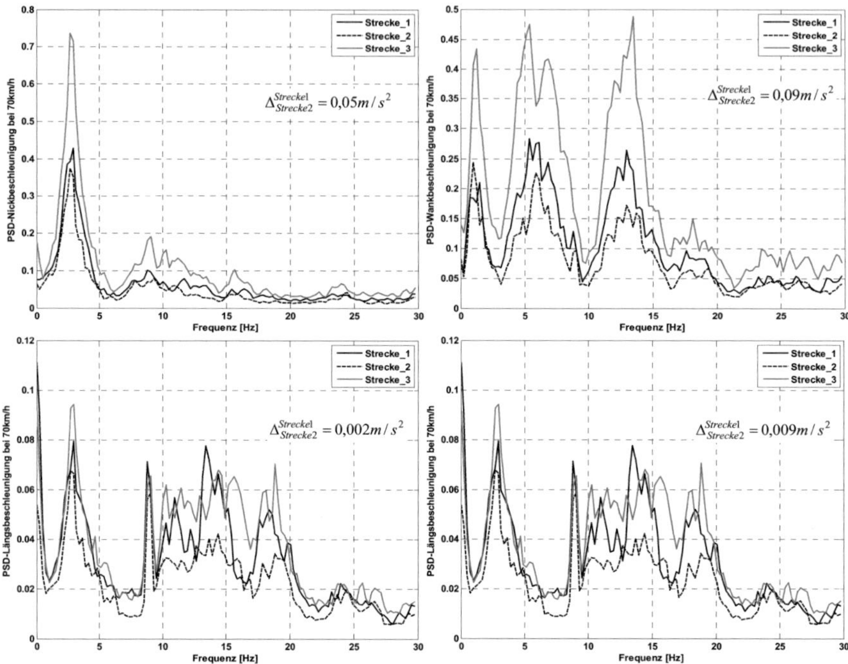

Abb.5.39: Amplitudenspektren der gemessenen Nick-, Wank-, Längs- und Querbeschleunigung des Fahrzeuges 221 auf drei Komfortstrecken bei 70km/h
mit aktiviertem Regler im Vergleich

Es wurde gezeigt, dass sich hauptsächlich Unterschiede in den Hub-, Nick- und Wankbeschleunigungen zwischen unterschiedlichen Fahrzeugen bei gleicher Anregung, zwischen den Eigenschaften desselben Fahrzeugs, bei einer Reifenluftdruckvariation sowie bei einer Anregungsvariation desselben Fahrzeugs ergeben. Die erreichte Genauigkeit des entwickelten Systemansatzes wird ebenfalls unter Berücksichtigung dieses Gesichtspunkts untersucht. Hierfür wird ein Gesamtgütemaß wie folgt definiert.

$$\Delta = \sqrt{\left(\Delta Hub_{\text{Prognose}}^{\text{Messung}}\right)^2 + \left(\Delta Nick_{\text{Prognose}}^{\text{Messung}}\right)^2 + \left(\Delta Wank_{\text{Prognose}}^{\text{Messung}}\right)^2} \tag{5.8}$$

Wobei $\Delta Hub_{\text{Prognose}}^{\text{Messung}}$, $\Delta Nick_{\text{Prognose}}^{\text{Messung}}$ und $\Delta Wank_{\text{Prognose}}^{\text{Messung}}$ die bekannten Differenzen zwischen den gemessenen und den prognostizierten Hub-, Nick- und Wankbeschleunigungen sind. In Abb.5.40 sind die berechneten Werte in Abhängigkeit vom Fahrzeugtyp und Anregung dargestellt. Um eine sichere Prognose der fünf Aufbaubeschleunigungen zu ermöglichen, müssen diese Werte unter den in diesem Abschnitt pro Freiheitsgrad nach (5.1) berechneten Differenzen zwischen unterschiedlichen Fahrzeugen bei gleicher Anregung, zwischen den Eigenschaften desselben Fahrzeugs, bei einer Reifenluftdruckvariation sowie bei einer Anregungsvariation desselben Fahrzeugs liegen. Diese Bedingung wird erfüllt.

$$\Delta = \sqrt{\left(\Delta Hub_{\text{Prognose}}^{\text{Messung}}\right)^2 + \left(\Delta Nick_{\text{Prognose}}^{\text{Messung}}\right)^2 + \left(\Delta Wank_{\text{Prognose}}^{\text{Messung}}\right)^2}$$

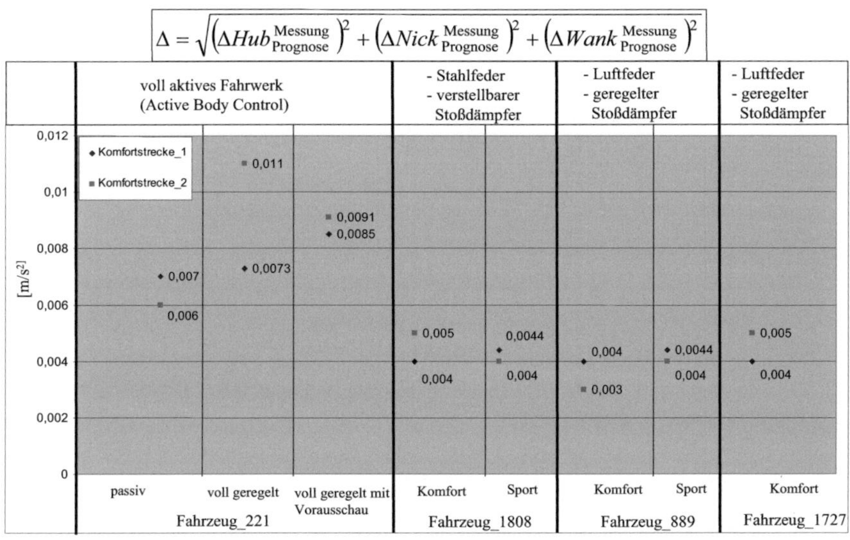

Abb.5.40: Fahrwerkseigenschaften der untersuchten Fahrzeuge und erreichte Genauigkeit des entwickelten Systemansatzes im Vergleich

Zusammenfassend kann festgehalten werden, dass mit Hilfe des im Rahmen dieser Arbeit entwickelten Systemansatzes die anregungsunabhängige Charakterisierung des Schwingungskomforts sowohl von Fahrzeugen mit passivem Fahrwerk als auch von Fahrzeugen mit Luftfedern und verstellbaren bzw. geregelten Stoßdämpfern als auch von Fahrzeugen mit voll geregeltem Fahrwerk möglich ist. Weiter können Anregungsvariation und Reifenluftdruckvariationen aufgelöst werden.

6 Zusammenfassung und Ausblick

Im Rahmen der vorliegenden Arbeit wurde erstmals ein Systemansatz entwickelt, der den Schwingungskomfort eines Fahrzeugs unabhängig von der Fahrbahnanregung durch nur sechs Parameter charakterisiert.

Hierfür wurde im Kapitel 2 ein Messkonzept entworfen, mit dessen Hilfe die Fahrbahnanregung und die komfortrelevanten Messgrößen im Fahrzeug erfasst werden konnten. Weiter wurde ein Synchronisationsverfahren entwickelt, das eine auf 0,1ms hochpräzise Synchronisation der Fahrbahnanregung mit den Aufbaubeschleunigungen auf Basis der gemessenen Relativwege zwischen Rad und Aufbau erlaubt.

Die aufgenommenen Fahrkomfortmessungen bildeten die Grundlage zur Modellbildung in Kapitel 3. Anhand der gemessenen Aufbaubeschleunigungen wurden die abzubildenden Schwingungsphänomene festgelegt. Das Modell diente zur Herleitung der Übertragungsfunktionen zwischen der Fahrbahnanregung und den Aufbaubeschleunigungen und zur Analyse des Übertragungsverhaltens der einzelnen Freiheitsgrade sowie der linearen Abhängigkeiten zwischen den Fahrbahnanregungen. Die hergeleiteten analytischen Übertragungsfunktionen benötigen zur Identifikation lediglich die Fahrbahnanregung und die Aufbaubeschleunigungen und bildeten die Basis für die im nachfolgenden Kapitel 4 durchgeführten Untersuchungen und Analysen. Abschließend wurde im Kapitel 3 untersucht, welche Nichtlinearitäten für den Schwingungskomfort eines Fahrzeugs im interessierenden Frequenzbereich bis 30Hz relevant sind. Es zeigte sich, dass der Stoßdämpfer für die größten komfortrelevanten Nichtlinearitäten des Systems „Fahrzeug" verantwortlich ist. Aufgrund eines Zusammenspiels zwischen der Welligkeit der Fahrbahnanregung und des Achsübertragungsverhaltens verbessert sich das lineare Übertragungsverhalten des Fahrzeugs bis einschließlich der Radeigenfrequenz maßgeblich. Dies befürwortete den Einsatz von linearen Übertragungsfunktionen zur Charakterisierung des Schwingungskomforts.

Im Kapitel 4 mussten anhand der analytischen Übertragungsfunktionen geeignete Ansatzfunktionen identifiziert werden, da die lineare Abhängigkeit zwischen den vier Systemanregungen zu singulären Matrizen führt. Aus den vier vertikalen Fahrbahnanregungen an den vier Reifen wurde für jeden Freiheitsgrad eine Anregung ermittelt. Somit war pro Freiheitsgrad nur eine Übertragungsfunktion erforderlich, die das Übertragungsverhalten von der jeweiligen Anregung zur entsprechenden Aufbaubeschleunigung beschrieb. Durch eine Modellreduktion konnten die ursprünglich zu identifizierenden 113 Parameter vorerst auf acht und anschließend durch eine Interpretation der Übertragungsfunktionen mit Hilfe eines Viertelfahrzeugsmodells auf sechs Parameter reduziert werden. Das Ergebnis sind fünf Übertragungsfunktionen mit je sechs Parametern zur Charakterisierung des Schwingungskomforts eines Fahrzeugs.

Im Kapitel 5 wurden die Ergebnisse zur anregungsunabhängigen Charakterisierung des Schwingungsübertragungsverhaltens eines Fahrzeugs mit passivem Fahrwerk, mit voll geregeltem Fahrwerk und mit voll geregeltem Fahrwerk mit Vorausschau vorgestellt. Die Differenzen zwischen den gemessenen und den mit den optimierten Übertragungsfunktionen simulierten Aufbaubeschleunigungen liegen nach VDI2057 deutlich unter der Wahrnehmungsschwelle des Menschen. Diese Charakterisierung des Schwingungsübertragungsverhaltens eines Fahrzeugs ist zunächst anregungsabhängig. Aus diesem Grund wurde ein Offline-Validierungsverfahren entwickelt, das sowohl eine Geschwindigkeitsvariation als auch eine Anregungsvariation der auf wenigen Komfortstrecken optimierten Übertragungsfunktionen ermöglicht. Somit wurde eine vollständige Charakterisierung des Schwingungskomforts eines Fahrzeugs unanhängig von der Fahrbahnanregung realisiert. Das Modell benötigt 0,77s für eine Simulation aller fünf Freiheitsgrade aus bereits optimierten Übertragungsfunktionen bei einer Messdauer von 37s. Hiernach wurde ein zweites echtzeitfähiges Online-Validierungsverfahren entwickelt. Abschließend erfolgte die Interpretation der im Rahmen dieser Arbeit vorgestellten Ergebnisse anhand von unterschiedlichen Fahrzeugen, Fahrzeugeigenschaften und Komfortstrecken. Die Bewertung der Amplitudenspektren der Hubbeschleunigungen mit Zuhilfenahme der VDI2057 Richtlinie zeigte, dass der Unterschied zwischen der Messung und einer Prognose der Aufbaubeschleunigungen unabhängig von der Fahrbahnanregung anhand der zuvor auf wenigen Komfortstrecken identifizierten bzw. optimierten Übertragungsfunktionen in Echtzeit unter der Wahrnehmungsschwelle eines Menschen liegt. Es zeigte sich weiter, dass auch Anregungsvariationen und Reifenluftdruckvariationen durch den Systemansatzes aufgelöst werden können.

6.1 Ausblick

Der im Rahmen dieser Arbeit entwickelte Systemansatz zur anregungsunabhängigen Charakterisierung des Schwingungskomforts eines Fahrzeugs kann beispielsweise modular erweitert werden. Somit wären direkte Vergleiche unterschiedlicher Reifen, Luftdrücke, Beladungsvariationen etc. denkbar.

Mit Hilfe eines geeigneten Simulationsmodells und der vorgestellten 3D-Laser-Scanner könnte eine Identifikation bzw. Optimierung des Schwingungsübertragungsverhaltens oberhalb von 30Hz realisiert werden.

Eine Modellierung des Übertragungsverhaltens des Motors kann sich vorteilhaft auf die prognostizierte Längs- und Querbeschleunigung auswirken. Weiter soll die Entstehung der Längsanregung genauer analysiert werden, da sie für das Längsruckeln des Motors verantwortlich ist.

Die Erweiterung des Systemansatzes auf Einzelhindernis-Strecken würde viele Vorteile mit sich bringen. Hierfür können aus Messdaten Übertragungsfunktionen identifiziert und abhängig von der Anregungsamplitude der Einzelhindernisse, der Fahrzeuggeschwindigkeit etc. zwischen den Übertragungsfunktionen geschaltet werden. Dies könnte ähnlich einer Stoßdämpferregelung geschehen. Dabei liegt der große Vorteil daran, dass die genaue Kenntnis des Stoßdämpferregelkonzeptes nicht erforderlich ist, da die Schaltschwellen aus Messdaten identifiziert werden können.

Ebenfalls ist auch der ungekehrte Weg denkbar. Einerseits können anhand bereits identifizierter Übertragungsfunktionen die Schaltschwellen bei Überfahrt von Einzelhindernissen durch geeignete Optimierung so festgelegt werden, dass die Aufbaubeschleunigungen minimal bleiben. Andererseits können bei festgelegten Schaltschwellen die optimalen Aufbaufedersteifigkeit bzw. Aufbaudämpferkonstante identifiziert werden.

Die bereits identifizierten fünf Übertragungsfunktionen pro Komfortstrecke können dazu verwendet werden, die Parameter von einem Viertelfahrzeugmodell zu identifizieren. Dieses Viertelfahrzeugmodell kann zur Fahrwerksregler-Synthese bzw. zur Anpassung des Reglers an das identifizierte Fahrzeug herangezogen werden. Diese direkte Assoziation zwischen den Viertelfahrzeugparametern und dem Schwingungskomfort des Gesamtfahrzeugs würde einen übersichtlichen Vergleich zwischen zwei Fahrzeugen erlauben.

Abbildungsverzeichnis

Literaturverzeichnis

[1]   Alberti, V.; *Beurteilung von Fahrzeugen mit adaptiver Fahrwerksdämpfung*, VDI-Verlag, Bericht Nr. 916, 1991

[2]   Ammon D., Frank, P., Gimmler, H., Götz, J., Hilf, K-H., Rauh J., Scheible, G., Stiess P.; *Fahrzeugschwingungen - von der Fahrbahnanregung bis zum Komfortempfinden,* VDI 2004

[3]   Ammon D.; Gimmler H.; Rauh J.; *Reifen-Fahrwerk-Fahrbahn*, VDI 2005

[4]   Ammon, D.; *Approximation und Generierung stationärer stochastischer Prozesse mittels linearer dynamischer Systeme*, Dissertation, Univiversität Karlsruhe, 1989

[5]   Ammon, D.; *Modellierung und Systementwicklung in der Fahrzeugdynamik*, B.G.Teubner, 1997

[6]   Ammon, D.; *Was macht der Stoßdämpfer mit dem Abrollkomfort?,* VDI-Verlag, Bericht Nr.123, 1997

[7]   Angermann, A., Beuschel, M., Rau, M., Wohlfarth, U.; *Matlab-Simulink-Stateflow: Grunglagen, Toolboxes, Beispiele,* Oldenbourg, 2007

[8]   Barz, D.; *Der Einfluß von Reifenungleichförmigkeiten auf Schwingungen am Rad und Fahrkomfort*, Dissertation, Universität Hannover, 1988

[9]   Bathlet, H.; *Analyse der Körperschall-Übertragungswege in Kraftfahrzeugen*, Automobil-Industrie, Band 81, 1981

[10]   Baumann, I.; Bellmann, M. A.; Mellert, V.; Weber, R.; *Wahrnehmungs- und Unterschiedsschwellen von Vibrationen auf einem Kraftfahrzeugsitz*, 292/293. DEGA e.V., Oldenburg, 2001

[11]   Bellmann, M. A.; Mellert, V.; Remmers, H.; Weber, R.; *Influence of frequency and magnitude on the perception of vertical whole-body vibration*, DAGA, Strassburg, Frankreich, 2004

[12]   Bellmann, M. A.; *Perception of Whole-Body Vibrations: From basic experiments to effects of seat and steering-wheel vibrations on the passenger`s comfort inside vehicles*, Dissertation, Shaker Verlag, Aachen 2002

[13] Bellmann, M. A.; Remmers, H.; Mellert, V.; *Grundlegende Experimente zur Wahrnehmung von vertikalen Ganzkörpervibrationen*, VDI Tagung Humanschwingung, VDI Bericht 1821, 2004

[14] Bendat, J.S.; Piersol, A.G.; *Engineering Application of Sorrelation and Spectral Analysis*, John Wiley & Sons, 1980

[15] Bendat, J.S.; Piersol, A.G.; *Random data: Analysis and Measurement Prosedures*, John Wiley & Sons, 1971

[16] Benz, R.; *Fahrzeugsimulation zur Zuverlässigkeitsabsicherung von karosseriefesten Kfz-Komponenten*, Dissertation, Technische Universität Karlsruhe, 2008

[17] Beucher, O.; *Wahrscheinlichkeitsrechnung und Statistik mit MATLAB. Anwendungsorientierte Einführung für Ingenieure und Naturwissenschaftler*, Springer-Verlag, 2007

[18] Bode, Helmut.; *Matlab-Simulink, Analyse und Simulation dynamischer Systeme*, B.G.Teubner Verlag, 2006

[19] Böge, A.; *Vieweg Handbuch Maschinenbau*, Vieweg & Sohn Verlag, 2007

[20] Bohn, P.; *Wechselwirkungen von Schwingungen zwischen Motor-Getriebe-Verbund und Kurbeltrieb als Grundlage für Körperschallanalysen, Dissertation, Universität Berlin, 2006*

[21] Bosch, S.; *Lineare Algebra*, Springer-Verlag, 2008

[22] Braun, H.; *Untersuchungen von Fahrbahnunebenheiten und Anwendungen der Ergebnisse*, Dissertation, Universität Braunschweig 1969

[23] Bukovics, J.; Vogel, F.; Bathelt, H.; Wodtke, H-W.; *Direkte Messung von Schwingungskräften - Ein Weg zum verbesserten Abrollkomfort*, ATZ, Heft 7/8, 1998

[24] Cucuz, S.; *Auswirkung von stochastischen Unebenheiten und Einzelhindernissen der realen Fahrbahn*, Dissertation, Technische Universität Braunschweig, 1992

[25] DIN 1301; *Einheiten*, Blatt1-3, 1987-2002

[26] DIN 1319; *Grundbegriffe der Messtechnik*, Blatt 1-3, 1995-2005.

[27] DIN 70000:1994-01; *Straßenfahrzeuge; Fahrzeugdynamik und Fahrverhalten*, Ausgabe: 1994

[28] Freund R. W.; Hoppe R. H. W.; *Numerische Mathematik 1*, Springen 2007

[29] Fülbier, K.-P.; *Systemansatz zur Untersuchung und Beurteilung des Abrollkomfort von Kraftfahrzeugen bei Überfahrt von Einzelhindernissen*, Dissertation, Technische Hochschule Aachen, 2001

[30] Gauterin, F.; Ropers, C.; *Subjektive und objektive Bewertung des Geräusch- und Schwingungskomforts von Kraftfahrzeugen*, Haus der Technik, Essen, 2006

[31] Genz, U.; *Auf dem Wege zu Grenzwerten für Fahrbahnunebenheiten – Teil 1 und 2*, Autom. Ind. 5/1987, 461-473 und 6/1987, 649-657

[32] Gipser, M.; *F-Tire, ein Reifenmodell für Handling-, Komfort-, und Lebensdauersimulation*, Tagung Fahrwerktechnik, Haus der Technik e.v., 2001

[33] Gipser, M.; *Reifenmodelle für Komfort- und Schlechtwegsimulation*, 7. Aachener Kollogium Fahrzeug- und Motorentechnik, 1998

[34] Gipser, M.; *Reifenmodelle in der Fahrzeugdynamik: eine einfache Formel genügt nicht mehr, auch wenn sie magisch ist*, Tagung MKS-Simulation in der Automobilindustrie, Graz, 2001

[35] Gipser, M.; *Systemdynamik und Simulation*, Teubner Verlag, 1999

[36] Griffin, M.J.; *Handbook of Human Vibration*, Academic Press, London, Great Britain, 1990

[37] Halbmann, W.; Dori, C.; *Messung von Reifenkennfeldern auf dem Prüfstand mit realitätsnaher*, stochastischer Belastung, Bericht 779, VDI-Verlag, 1989

[38] Hazelaar, M.; *Fahrwerkschwingungen und Komfortbeurteilung bei kurzwelliger Anregung (Achsrauhigkeit)*, Bericht Nr. 220, VDI-Verlag, 1994

[39] Heißing, B.; Ersoy M.; *Fahrwerkhandbuch*, Vieweg, 2007

[40] Hemingway, N.G.; *Modelling Vibration Transmission Through Coupled Vehicle Subsystems Using Mobility Matrices*, IMechE, Band 200, 1986

[41] Hendricx, W.; Vandenbroeck, D.; *Suspension Analysis in View of Road Noise Optimization*, Noise and Vibration Conference, SAE-Paper Nr. 931343, 1993

[42] Hennecke, D.; *Zur Bewertung des Schwingungskomforts von Pkw bei instationären Anregungen*, Fortschrittsberichte VDI, Reihe 12, Nr. 237, VDI-Verlag, Düsseldorf, 1995

[43] Hieronimus, K.; *Anforderungen an Schwingungs- und Akustikberechnungen aus sicht der Fahrzeugentwicklung*, VDI-Berichte, 1990

[44] Hilscher, C.; Einsle, S.; *Charakterisierung des Übertragungsverhaltens von Reifen in Messung und Simulation*, VDI-Verlag, Bericht Nr. 2014, 2007

[45] Holdmann, P.; Küppers, T.; *Education and Research - ADAMS-CAE Tool at the Aachen University of Technology*, "10th European ADAMS Users' Conference" in Frankfurt am 14./15.11.1995, RWTH Aachen 1996

[46] Isermann, R.; *Identifikation dynamischer Systeme*, Bd. 1–2. Springer, 1992

[47] Isermann, R.; *Mechatronische Systeme*, Springer, 2008

[48] ISO 2631; *Mechanical vibration and shock - Evaluation of human exposure to whole-body vibration -Part 1: General requirements*, 1997

[49] ISO 2631; *Mechanical vibration and shock - Evaluation of human exposure to whole-body vibration -Part 2: Vibration in buildings (1 Hz to 80 Hz)*, 2003

[50] ISO 2631; *Mechanical vibration and shock - Evaluation of human exposure to whole-body vibration -Part 4: Guidelines for the evaluation of the effects of vibration and rotational motion on passenger and crew comfort in fixed-guideway transport systems*; 2001

[51] Jazar, R.N.; *Vehicle Dynamics: Theory and Application*, Springer, 2008

[52] Jha, S.K.; *Identification of Tyre Induced Noise Transmission Paths in a Vehicle*, Interntional Journal of Vehicle Design, Band 5, 1984

[53] Kiencke, U.; Eger, R.; *Messtechnik Systemtheorie für Elektrotechniker*, Springer, 2006

[54] Kim, M.G.; Hyun, C.H.; Yoo,W.S.; *Improvement of Vehicle Road Noise and Ride Vibration Using a Supension Analysis*, ISATA, 28th int. Symp. on Automotive Technology and Automation, 1995

[55] Kistler-IGeL GmbH; *Betriebsanleitung RoaDyn® S625 – Typ 9266A1*, Kistler Instrumente AG, 2005

[56] Klaas A.; Oosten A.; Safi C.; Unrau, H.-J; Bouhet O.; Colinot J.P.; *TIME, Tire Measurements - Eine neue Standardprüfprozedur für stationäre Reifen-Seitenkraftmessungen*, VDI-Verlag, Bericht Nr. 1494, 1999

[57] Kobetz, C.; *Modellbasierte Fahrdynamikanalyse durch ein an Fahrmanövern parameteridentifiziertes querdynamisches Simulationsmodell*, Dissertation,. Universität Wien, 2003

[58] Kollmann, F.G.; Schösser, T.F.; Angert, R.; *Praktische Maschinenakustik*, Springer 2006

[59] Kolm, H.; Kudritzki, D.; Wachinger, M.; *Optimierung des Fahrkomforts durch Betrachtung der Dämpfungseigenschaften der Radaufhängung*, VDI-Berichte Nr. 1350, 1998

[60] Kudritzki, D.; *Integrierte Analyse des Fahrkomforts durch Betrachtung des Systems Fahrwerk in Versuch und Simulation*, Bericht 1335, VDI-Verlag 1997

[61] Lehn, J., Wegmann, H.; *Einführung in die Statistik*, Teubner Verlag, 2006

[62] Ljung, L.; *System identification – theory for the user. Prentice Hall*, Upper Saddle River, 2 Aufl., 1999

[63] Lunze, J., *Regelungstechnik 1*; Springer 2006

[64] Lunze, J.; *Regelungstechnik 2*, Springer 2006

[65] Manger, S.; *Untersuchung des Schwingungsverhaltens von Kraftfahrzeugen bei kleinen Erregungsamplituden unter besonderer Berücksichtigung der Coulombschen Reibung*, Dissertation, Technische Universität Karlsruhe, 1995

[66] Matschinsky, W.; *Radführungen der Straßenfahrzeuge*, 3. Auflage, Springer-Verlag, 2007

[67] Meljnikov, D.; *Entwicklung von Methoden zur Bewertung des Fahrverhaltens von Kraftfahrzeugen*, Dissertation, Universität Stuttgart, 2003

[68] Meyer, M.; *Signalverarbeitung, Analoge und digitale Signale, Systeme und Filter*, Vieweg & Teubner, 2006

[69] Meywerk, M.; *CAE-Methoden in der Fahrzeugtechnik*, Springer-Verlag, 2007

[70] Micro-Epsilon GmbH; *Betriebsanleitung scanCONTROL2800/2810*, 2009

[71] Micro-Epsilon GmbH; *Datenblatt scanCONTROL2800/2810*, 2009

[72] Micro-Optronic GmbH; *LLT.dll - Schnittstellendokumentation*, 2009

[73] Mikleš, J., Fikar, M.; *Process Modelling, Identification, and Control*, Springer-Verlag, 2007

[74] Mitschke, M.; *Dynamik der Kraftfahrzeuge*, Springer, 2004

[75] Mitschke, M.; *Nichtlineare Feder- und Dämpferkennungen im Kraftfahrzeug*, ATZ 71 (1969), S. 14-21

[76] Möser, M.; *Messtechnik der Akustik*; Springer-Verlag, 2010

[77] Mühe, P.; *Der Einfluss von Nichtlinearitäten in Feder- und Dämpferkennlinie auf die Schwingungseigenschaften von Kraftfahrzeug*, Dissertation, Technische Universität Braunschweig, 1967

[78] Nüssle, M.; *Ermittlung von Reifeneigenschaften im realen Fahrbetrieb*, Dissertation, Universität Karlsruhe, 2002

[79] Oertel, C.; *Ride Comfort Simulations and Steps Towards Life Time Calculations: RMOD-K and ADAMS*, International ADAMS User's Conference Berlin, 1999

[80] Ohm, J-R., Lüke, H-D.; *Signalübertragung, Grundlagen der digitalen und analogen Nachrichtenübertragungssysteme,* Springer-Verlag, 2007

[81] Olatunbosun, O.A.; Cheng. K.W.; Alabi, B.; *Application of Modal Analysis Techniques in Road Induced Vehicle Noise and vibration Analysis*, EURmotor, University of Birmingham, 1994

[82] Oosten, J.; Jansen, S.; *High frequency tyre modelling using SWIFT-Tyre*, International ADAMS User's Conference Berlin, 1999

[83] Pacejka, H.B.; Bakker, E.; *Magic Formula Tyre Model*, Vehicle System Dynamics, Vol.21, The Nederlands, 1991

[84] Pacejka, H.B.; Bakker, E.; Nyborg, L.; *Tyre Modelling for Use in Vehicle Dynamic Studies*; SAE Technical Paper, International Congress and Exposition, Detroit 1987

[85] Pacejka, H.B.; *Tyre and Vehicle Dynamics*, Butterworth-Heinemann, 2002

[86] Pacejka, H.B.; Zegelaar P.W.A.; *The In-Plane Dynamics of Tyres on Uneven Roads*, Vehicle System Dynamics Supplement 25, Swets&Zeitlinger, 1996

[87] PCB Piezotronics Inc.; *Datenblatt Beschleunigungssensoren 3713D1FD3G, 356B18 und 354C03*, 2009

[88] PCB Piezotronics Inc.; *Model 354C03 ICP® Accelerometer Installation and Operating Manual*, 2009

[89] PCB Piezotronics Inc.; *Model 356B18 ICP® Accelerometer Installation and Operating Manual*, 2009

[90] PCB Piezotronics Inc.; *Model 3713D1FD3G Series 371x DC Response Accelerometers Installation and Operating Manual*, 2009

[91] Plank, E.; *Optimierung des Schwingungskomforts mit Hilfe der Finite-Element-Methode am Beispiel eines frontgetriebenen Pkw's*, Dissertation, Technische Universität München, 1993

[92] Richard, H-A., Sander, M.; *Technische Mechanik. Dynamik,* Vieweg, 2008

[93] Rill, G.; *Instationäre Fahrzeugschwingungen bei stochastischer Erregung*, Dissertation, Universität Stuttgart, 1983

[94] Rill, G.; *Simulation von Kraftfahrzeuge*, Vieweg & Sohn, 1994

[95] Schaback, R.; Wendland; *Numerische Mathematik*, Springer 2005

[96] Schiehlen, W. (Hrsg.); *Multibody Systems Handbook*, Springer-Verlag, 1990

[97] Schnelle, K.-P.; *Simulationsmodelle für die Fahrdynamik von Personenkraftwagen unter Berücksichtigung der nichtlinearen Fahrwerkskinematik*, Dissertation, Universität Stuttgart, VDI-Verlag 1990

[98] Schramm, D.; Hiller, M.; Bardini, R.; *Modellbildung und Simulation der Dynamik von Kraftfahrzeug*en; Springer-Verlag, 2010

[99] Sick AG; *Lasermesssysteme LMS2xx*, 2008

[100] Sick AG; *Telegramme zur Bedienung/Konfiguration der Laser Messsysteme LMS2xx*, 2008

[101] Sieschke, R.; Wurster, U.; *IPG-Tire-Ein flexibles, umfassendes Reifenmodell für den Einsatz in Simulationsumgebungen*, Automobil-Industrie, Vol.5, 1988

[102] Stoer, J.; Bulirsch, R.; *Numerische Mathematik 2*, Springer 2005

[103] Sussmann, N.E.; *Statistical Ground Excitation Models for High Speed Vehicles Dynamic Analysis*, High Speed Ground Transportation Journal 8, 1974

[104] Troulis, M.; *Übertragungsverhalten von Radaufhängungen für Personenwagen im Komfortrelevanten Frequenzbereich*, Dissertation, Technische Universität Karlsruhe, 2002

[105] Ushijima, T.; Takayama, M.; *Modal Analysis of Tire and System Simulation*, SAE-Paper, Nr. 880585, 1988

[106] VDI 2057; *Einwirkung mechanischer Schwingungen auf den Menschen: Blatt 1 Ganzkörper-Schwingungen*, VDI-Verlag 2002

[107] VDI 2057; *Einwirkung mechanischer Schwingungen auf den Menschen: Blatt 2 Hand-Arm-Schwingungen*, VDI-Verlag 2002

[108] VDI 2057; *Einwirkung mechanischer Schwingungen auf den Menschen: Blatt 3 Ganzkörperschwingungen an Arbeitsplätzen in Gebäuden*, VDI-Verlag 2006

[109] Vöth, S.; *Dynamik schwingungsfähiger Systeme*, Vieweg Verlag, 2006

[110] Waser, S.; Hirschberg, W.; Ille, T.; Mladek, V.; *Evaluierung von Reifen- und Fahrbahnmodellen für die Simulation festigkeitsrelevanter Beanspruchungen von Nutzfahrzeugen*, VDI-Verlag, Bericht Nr. 2014, 2007

[111] Wendemuth, A.; *Grundlagen der digitalen Signalverarbeitung*, Springer-Verlag, 2005

[112] Werner, M.; *Digitale Signalverarbeitung mit MATLAB®, Vieweg*, 2009

[113] Willumeit, H.-P. (Hrsg.); *Computergestützte Berechnungsverfahren in der Fahrzeugdynamik*, VDI-Verlag GmbH, Düsseldorf, 1991

[114] Wimmer, J.; *Methoden zur ganzheitlichen Optimierung des Fahrwerks von Personenkraftwagen*, Dissertation, Technische Universität Stuttgart, 1997

[115] Zamow, J; Witte, L.; *Fahrzeugsimulation unter Verwendung des Starrkörperprogramms ADAMS*, Bericht Nr. 699, VDI-Verlag 1988

[116] Zeller, P.; *Handbuch Fahrzeugakustik*, Vieweg, 2009

[117] Zomotor, Z.; *Online-Identifikation der Fahrdynamik zur Bewertung des Fahrverhaltens von Pkw*, Dissertation, Universität Stuttgart, 2002

Karlsruher Schriftenreihe Fahrzeugsystemtechnik
(ISSN 1869-6058)

Herausgeber: FAST Institut für Fahrzeugsystemtechnik

**Die Bände sind unter www.ksp.kit.edu als PDF frei verfügbar oder
als Druckausgabe bestellbar.**

Band 1 Urs Wiesel
   Hybrides Lenksystem zur Kraftstoffeinsprung im schweren Nutzfahrzeug.
   2010
   ISBN 978-3-86644-456-0

Band 2 Andreas Huber
   **Ermittlung von prozessabhängigen Lastkollektiven eines hydro-
   statischen Fahrantriebsstrangs am Beispiel eines Teleskopladers.**
   2010
   ISBN 978-3-86644-564-2

Band 3 Maurice Bliesener
   **Optimierung der Betriebsführung mobiler Arbeitsmaschinen.
   Ansatz für ein Gesamtmaschinenmanagement.**
   2010
   ISBN 978-3-86644-536-9

Band 4 Manuel Boog
   **Steigerung der Verfügbarkeit mobiler Arbeitsmaschinen
   durch Betriebslasterfassung und Fehleridentifikation
   an hydrostatischen Verdrängereinheiten**
   2011
   ISBN 978-3-86644-600-7

Band 5 Christian Kraft
   **Gezielte Variation und Analyse des Fahrverhaltens von Kraftfahr-
   zeugen mittels elektrischer Linearaktuatoren im Fahrwerksbereich**
   2011
   ISBN 978-3-86644-607-6

Band 6 Lars Völker
   **Untersuchung des Kommunikationsintervalls bei der gekoppelten
   Simulation**
   2011
   ISBN 978-3-86644-611-3

Band 7 3. Fachtagung
   Hybridantriebe für mobile Arbeitsmaschinen. 17. Februar 2011, Karlsruhe
   2011
   ISBN 978-3-86644-599-4

Karlsruher Schriftenreihe Fahrzeugsystemtechnik
(ISSN 1869-6058)

Herausgeber: FAST Institut für Fahrzeugsystemtechnik

Band 8   Vladimir Iliev
**Systemansatz zur anregungsunabhängigen Charakterisierung
des Schwingungskomforts eines Fahrzeugs**
2011
ISBN 978-3-86644-681-6